LES FORMES CRISTALLINES

DE LA

CALCITE DE RHISNES

PAR

G. CESÀRO

LIÈGE
IMPRIMERIE H. VAILLANT-CARMANNE
Rue St-Adalbert, 8.
—
1889

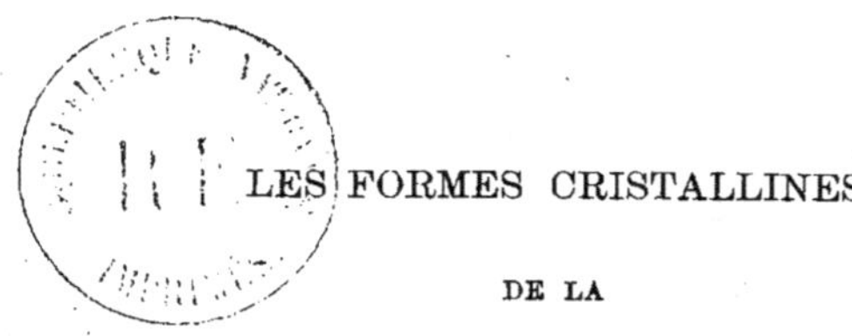

LES FORMES CRISTALLINES

DE LA

CALCITE DE RHISNES

LES FORMES CRISTALLINES

DE LA

CALCITE DE RHISNES

PAR

G. CESÀRO

LIÈGE

IMPRIMERIE H. VAILLANT-CARMANNE

Rue St-Adalbert, 8.

1889

AVANT-PROPOS.

Nous avons présenté à l'Académie, en 1885, un mémoire sur les calcites belges, contenant notamment la description de quelques cristaux trouvés à Rhisnes, présentant pour forme fondamentale l'isoscéloèdre $L = d^1\, d^{\frac{1}{\overline{9}}}\, b^{\frac{1}{\overline{7}}}$. Ayant fait don de quelques-uns de ces cristaux au Musée de l'Université de Bonn, G. vom Rath, dans une lettre de remerciement, nous a écrit qu'ils constituaient une des parties les plus intéressantes du Musée, qu'il tenait le gisement de Rhisnes pour un des plus remarquables et qu'il suivrait avec grand intérêt nos recherches ultérieures. Ainsi encouragé par l'illustre minéralogiste, nous avons étudié les cristaux de Rhisnes en détail; plus de 600 kilogrammes de matière cristallisée ont été examinés, et l'étude que nous présentons aujourd'hui peut être considérée comme complète. Des formes à peine entrevues lors de notre premier mémoire, ou dont nous ne possédions que des fragments, ont été retrouvées complètes (¹); des cristaux dont les faces ternes ne permettaient que des mesures

---

(¹) Cependant les cristaux, quoique nettement dessinés, ne sont presque jamais complets, parce qu'ils forment ordinairement des amas très complexes, dont il est difficile de les séparer sans les briser. Les isoscéloèdres se trouvent assez souvent séparés les uns des autres, mais assez rarement le cristal émerge de l'échantillon au-dessus de l'hexagone formé par les arêtes latérales du solide; il est fort rare de trouver un cristal montrant nettement ses deux extrémités.

approximatives ont été retrouvés jouissant de la limpidité et du pouvoir réfléchissant du quartz. Les cristaux les plus parfaits ont pour notation : Lp, Lpa^1, $Ld^2e^2e^3$ ou $Ld^2e^2e^3\,\Phi$ (¹). L'isocéloèdre L se fait surtout remarquer par son abondance et par la différence de taille des individus; d'un côté on en trouve d'environ 1 millimètre, quelquefois complets et brillants; d'autre côté, on en rencontre ayant de 6 à 7 centimètres d'arête culminante. Ces grands cristaux sont ordinairement assez grossiers; cependant nous possédons un magnifique isocéloèdre (N° 420) complet, à faces réfléchissantes, ayant 1 décimètre de hauteur; il est terminé par les faces du rhomboèdre primitif. Les petits cristaux brillants nous ont servi, par de nombreuses mesures, à nous assurer de la notation de l'isocéloèdre.

Les assemblages à axes parallèles du gisement de Rhisnes sont surtout remarquables. Sur les sommets culminants des isocéloèdres, qui constituent la partie primordiale du gisement, sont venus se déposer d'autres cristaux qui viennent terminer l'isocéloèdre en s'orientant parallèlement à ce dernier. Ces cristaux sont venus se déposer à deux époques différentes ; dans la première époque, le cristal de terminaison est scalénoédrique, dans la seconde il est prismatique. Ordinairement l'isocéloèdre se termine par un scalénoèdre qui est à son tour entouré plus ou moins par un cristal prismatique; il est excessivement rare de trouver un cristal prismatique terminant directement un isocéloèdre, et encore, presque toujours nous sommes parvenu à apercevoir le scalénoèdre intérieur, situé entre l'isocéloèdre et le prisme.

Outre les isocéloèdres il y a à considérer dans ce

(¹) $\Phi = d^{\frac{1}{2}}\, d^{\frac{1}{10}}\, b^{\frac{1}{15}}$

gisement une formation scalénoédrique composée essen-
tiellement de $d^{\frac{3}{\overline{2}}}$ et de $S = d^{\frac{1}{\overline{21}}}\, d^1\, b^{\frac{1}{\overline{33}}}$; ces cristaux se
sont formés autour d'isoscéloèdres préexistants. En gé-
néral, l'isoscéloèdre n'existe plus dans cette formation;
cependant, quelquefois on aperçoit ses contours à l'intérieur grâce à une matière de couleur foncée qui s'est
déposée avant la formation du second cristal; quelquefois aussi une partie des faces de l'isoscéloèdre est
visible, ayant été garantie de l'action du milieu qui
a déposé les seconds cristaux par de l'argile ou par
une cause semblable. Dans l'étude de ces cristaux de
seconde formation, nous avons observé des faits qui
nous ont amené à conclure que :

" Lorsqu'un cristal de calcite vient se former autour
„ d'un cristal préexistant, en général les arêtes du pre-
„ mier cristal tendent à être remplacées par des faces qui
„ leur sont parallèles; c'est-à-dire qu'une face du nouveau
„ cristal est en zone avec deux faces de l'ancien. „ —
Nous développerons cette loi vers la fin de ce mémoire.
(Voir page 260.)

Un second gisement très restreint a été découvert
depuis, à peu de distance du premier et à un niveau
inférieur. L'étude des cristaux de ce nouveau gisement a
été placée à part.

Dans l'étude de tous ces cristaux, nous avons rencontré
une suite de formes très compliquées ([1]), qu'il nous aurait
été facile de ramener à des zones connues, en nous con-
tentant d'une correspondance plus ou moins approximative; mais ce système est dangereux pour la calcite;
le réseau de ses cercles de zone est tellement serré

([1]) Ce qui était à prévoir, la base de la formation étant 16.8.3, qui est déjà
fort compliquée.

qu'il est facile de faire voyager un pôle d'un cercle à un autre en n'occasionnant qu'un léger dérangement ; cette tendance conduit donc à l'arbitraire. Comme un pôle est déterminé par deux angles, si trois angles mesurés concordent avec trois angles calculés, on doit considérer la notation comme exacte. Les faces très voisines sont communes dans les cristaux de seconde formation. Nous citerons comme exemple une face $v' = d^{\overline{\frac{1}{9}}}\, d^{\overline{\frac{1}{3}}}\, b^{\overline{\frac{1}{16}}}$ très proche de $v = d^{\overline{\frac{1}{3}}}\, d'\, b^{\overline{\frac{1}{3}}}\,(\,\overline{vv'} = 2''15'\,)$ et dont nous avions admis, en hésitant, l'existence dans les cristaux du second gisement, lorsque sur certains cristaux nous avons trouvé simultanément v et v'. Nous avons d'ailleurs relaté dans notre étude tous les essais de simplification ainsi que les différentes notations par lesquelles nous sommes passé avant d'adopter la notation définitive ; ces essais seront utiles aux savants qui s'occupent des formes de la calcite et qui, comme nous, seraient tentés de simplifier les notations. D'ailleurs, comme nous pensons que l'étude que nous publions peut être utile pour la recherche de la cause à laquelle sont dus les phénomènes de cristallisation, nous avons jugé qu'il fallait relater les faits tels quels, même en les exprimant par des formules compliquées, pour qu'ils puissent servir de matériaux pour l'étude à laquelle nous faisons allusion.

NOTATIONS EMPLOYÉES. MOYEN DE CALCUL.

En supposant le rhomboèdre primitif placé de façon que l'une de ses faces supérieures se trouve devant le spectateur, nous choisissons pour axe des $+\,x$ la droite joignant le centre au point milieu de l'arête d antérieure qui se trouve vers la droite du spectateur, pour axe des

$+ y$ la droite analogue correspondant à l'arête d antérieure de gauche, pour axe des z la verticale ([1]). Les faces supérieures du rhomboèdre primitif p seront donc désignées respectivement par 111, $0\bar{1}1$ et $\bar{1}01$. L'angle polaire φ de deux faces hkl, $h'k'l'$ quelconques est donné par la formule :

$$\cos \varphi = \frac{hh' + kk' - \frac{1}{2}(hk' + kh') + sll'}{\sqrt{h^2 + k^2 - hk + sl^2} \cdot \sqrt{h'^2 + k'^2 - h'k' + sl'^2}} \quad (a)$$

dans laquelle $s = \frac{3}{4} \cdot \frac{a^2}{c^2} = 1{,}02764$. Nous appellerons, pour abréger, *module* de la forme hkl la quantité $m = \sqrt{h^2 + k^2 - hk + sl^2}$; cette quantité est constante pour toutes les faces d'une même forme ainsi que pour celles de la forme inverse. Une fois les modules des différentes formes connus, le calcul de l'angle de deux faces quelconques n'exige que quelques minutes ; nous avons cru donc faire œuvre utile en dressant un tableau, que l'on trouvera à la fin de ce mémoire, dans lequel se trouvent inscrits les logarithmes des modules des formes de la calcite.

Il est facile de trouver la signification géométrique de la quantité que nous avons appelée module.

" Le module d'une forme représente le rapport entre „ les longueurs des perpendiculaires menées du centre „ du rhomboèdre respectivement sur la face du prisme „ $e^2 = 110$ et sur une face de la forme considérée. „

En effet, si l'on désigne par α l'angle que fait la face hkl avec $a' = 001$, la fig. 1 montre que la perpendiculaire menée de l'origine sur cette face est : $p = \frac{c}{l} \cos \alpha$; mais la formule (a) donne : $\cos \alpha = \frac{l\sqrt{s}}{m}$; donc : $p = \frac{a \sin 60°}{m}$.

---

[1] C'est pour simplifier l'écriture que nous avons évité l'emploi d'une 4me caractéristique et que nous avons pris l'axe des $+ y$ en avant.

En appliquant cette dernière formule à $e^2 = 110$, il vient :

$$p' = a\,sin\ 60°,\ \text{donc enfin} : m = \frac{p'}{p}.$$

Nous avons dû plusieurs fois ramener les formes observées aux arêtes de l'isoscéloèdre L prises comme axes; dans ce cas, voici les notations employées.

Les arêtes latérales de l'isoscéloèdre sont désignées par d, les arêtes culminantes par b ou par B, suivant que le clivage s'y appuie ou non (b est donc l'arête culminante supérieure placée devant le spectateur); les angles latéraux (fig. 2) sont désignés par e et les angles culminants par a. Si l'on change d'axes cristallographiques, en prenant pour axes les arêtes de l'isoscéloèdre [1], on trouve qu'une face hkl, suivant qu'elle est une modification de l'angle a, de l'angle e antérieur ou de l'angle e latéral, devient :

$$a)\ hkl = b^{\frac{1}{8l-h-k}}\ B^{\frac{1}{8l+h-2k}}\ b^{\frac{1}{8l+2h-k}}\ B^{\frac{1}{8l+h+k}}$$
$$b^{\frac{1}{8l+2k-h}}\ B^{\frac{1}{8l+k-2h}}$$

$$e_{ant.})\ hkl = d^{\frac{1}{2h-k}}\ d^{\frac{1}{2k-h}}\ b^{\frac{1}{h+k-8l}}\ B^{\frac{1}{h+k+8l}}$$

$$e_{lat})\ hkl = d^{\frac{1}{h-2k}}\ d^{\frac{1}{h+k}}\ B^{\frac{1}{2h-k-8l}}\ b^{\frac{1}{2h-k+8l}}$$

La fig. 3 représente, comme exemple, les faces p, z et Φ rapportées aux arêtes de l'isoscéloèdre L. On a :

$$p = 111 = (6.\ 7.\ 9.\ 10)_L$$
$$z = 24.16.5 = (4.1.0.10)_L = b^{\overset{4}{}}_{\ L}$$
$$\Phi = 25.17.3 = (11.3.6.22)_L.$$

[1] Voir, par exemple : *Annales de la Soc. Géol. de Belgique*, tome IX, page 281.

L'ordre suivant lequel les arêtes sont comptées est indiqué sur la fig. 2 par les n°s 1, 2 etc.

Nous avons aussi ramené quelquefois les formes de la calcite aux rhomboèdres e^1 et e^3 pris comme formes primitives.

Voici les formules auxquelles on arrive en changeant d'axes cristallographiques :

$$\text{Forme primitive } e^1 = 201$$

$$a) \qquad hkl = b^{\frac{1}{2l+2h-k}} \; b^{\frac{1}{2l+2k-h}} \; b^{\frac{1}{2l-h-k}}$$

$$e_{ant.}) \quad hkl = d^{\frac{1}{2l+2h-k}} \; d^{\frac{1}{2l+2k-h}} \; b^{\frac{1}{h+k-2l}}$$

$$e_{lat.}) \quad hkl = d^{\frac{1}{h-2l-2k}} \; d^{\frac{1}{h+k-2l}} \; b^{\frac{1}{2l+2h-k}}$$

$$\text{Forme primitive } e^3 = 441$$

$$a) \qquad hkl = b^{\frac{1}{4l-2h+k}} \; b^{\frac{1}{4l+h-2k}} \; b^{\frac{1}{4l+h+k}}$$

$$e_{ant.}) \quad hkl = d^{\frac{1}{2h-4l-k}} \; d^{\frac{1}{2k-4l-h}} \; b^{\frac{1}{4l+h+k}}$$

$$e_{lat.}) \quad hkl = d^{\frac{1}{4l+h-2k}} \; d^{\frac{1}{4l+h+k}} \; b^{\frac{1}{2h-k-4l}}$$

Ainsi, lorsque la forme primitive est e^1, on a :

$$L = 16.\,8.\,3 = \left(d^{\frac{1}{3}} \; d^1 \; b^{\frac{1}{3}} \right)_{e^1}$$

$$\alpha = 8.\,4.\,3 = \left(d^{\frac{1}{3}} \; d^1 \; b^1 \right)_{e^1} = (e_3)_{e^1}$$

$$\pi = 12.\,4.\,5 = (e_5)_{e^1} \, .$$

La fig. 4 montre les faces qui suivent, rapportées au rhomboèdre e^3 pris comme forme primitive :

$$d^2 = 321 = (b^5)_{c^5} \qquad \alpha = 843 = (b^2)_{e^5}$$
$$v = 861 = d^5 \qquad y = 12.8.1 = d^2$$
$$\Omega = 32\ 24.7 = e_7 \qquad z = 24.16.5 = e_8$$
$$d^{\frac{3}{2}} = 531 = e_4 \qquad L = 16.8.3 = e_5$$
$$e_1^{\frac{1}{3}} = 621 = e_2 \qquad N = 20.4.3 = e_3^{\frac{3}{2}}$$
$$e^{\frac{5}{3}} = 801 = e'.$$

Les formules précédentes montrent la relation qui existe entre les isoscéloèdres de la série $2'' + {}^1.2''.\,3$, à laquelle appartient l'isoscéloèdre de Rhisnes, et les rhomboèdres p, e^1, e^3, $e^{\frac{5}{3}}$ .... dérivés l'un de l'autre par des troncatures tangentes à leurs arêtes culminantes. On peut de tout rhomboèdre dériver deux isoscéloèdres simples, ayant pour notation l'un e_3, l'autre b^2; or, tout isoscéloèdre de la forme $2'' + {}^1.2''.\,3$ est le e_3 d'un rhomboèdre de la série que nous venons de citer et le b^2 du rhomboèdre suivant. Ainsi $\alpha = 843$ est le e_3 du rhomboèdre e^1 et le b^2 du rhomboèdre e^3; de même l'isoscéloèdre de Rhisnes est le e_3 du second aigu e^3 et le b^2 du troisième aigu $e^{\frac{5}{3}}$.

Pour mieux marquer la relation entre une face et deux autres faces importantes avec lesquelles elle est en zone, nous avons quelquefois employé la notation suivante. Soit une zone déterminée par les faces $A = hkl$ et $B = h'k'l'$; toute face de cette zone peut s'écrire symboliquement : $mA + nB$, ou (¹) plus simplement mn, et est

____

(¹) Ainsi il existe dans la zone déterminée par $L = 16.8.3$ et $c^2 = 110$ une face $\Phi = 25.17.3$ qui peut s'écrire : $L + 9\,c^2$ ou plus simplement 19.

déterminée dès que l'on connaît le rapport $\dfrac{m}{n}$. Si l'on considère deux faces $C = mn$, $C' = m'n'$ et que l'on désigne par α et β les angles que fait C respectivement avec A et B et par α' et β' les incidences analogues correspondant à C', il est facile de voir que :

$$\frac{\dfrac{m}{n}}{\dfrac{m'}{n'}} = \frac{\dfrac{\sin\beta}{\sin\alpha}}{\dfrac{\sin\beta'}{\sin\alpha'}} \,.$$

Si l'on désigne par a et b les valeurs de α et β relatives à la face 11 et par k le rapport $\dfrac{\sin a}{\sin b}$, il vient $\dfrac{m}{n} = k\,\dfrac{\sin\beta}{\sin\alpha}$, de sorte que :

$$C = k\,\frac{\sin\beta}{\sin\alpha}\,A + B \,.$$

Si le pôle 11 se trouve au milieu de l'arc $A\,B$, la formule devient : $C = \dfrac{\sin\beta}{\sin\alpha}\,A + B$.

Ainsi, sur la zone déterminée par les deux faces antérieures de l'isoscéloèdre L ($A = 16.8.3$, $B = 8.16.3$) se trouve une face C faisant avec A un angle $\alpha = 10°.41'$; sa notation s'obtient en observant que $\overset{\frown}{A\,B} = 58°28'$ et par conséquent $\beta = 47°.47'$; on a :

$$\frac{m}{n} = \frac{\sin 47°.47'}{\sin 10°.41'} = 3{,}995 \,;$$

donc : $\quad C = 4\,A + B = 24.16.5 = d^4\,d^{\frac{1}{9}}\,b^{\frac{1}{5}}$.

C'est la face que l'on désigne par z et qui pourra donc être notée 41 sur la zone LL.

Cette notation correspond à la propriété géométrique que voici :

Toute face F peut être mise sous la forme symbolique $F = m\,A + n\,B + p\,C$, A, B et C étant trois faces quelconques. Or, on démontre aisément que si l'on rapporte la face F aux trois faces A, B et C prises comme plans coordonnés, sa notation sera $F = mnp$.

En effet, le théorème est évident si A, B, C sont les plans coordonnés eux-mêmes (fig. 4_1), car alors on a identiquement : $F = uvw = u\,A + v\,B + w\,C$. Pour démontrer que le théorème subsiste lorsque A, B, C sont quelconques, changeons de plans coordonnés en prenant Ox', Oy', Oz' pour axes. Les formules de transformation donnent pour la nouvelle notation de la face F :

$$F' = u'v'w' = (mu + nv + pw)\,(m'u + n'v + p'w)\,(m''u + n''v + p''w).$$

Les mêmes formules appliquées à A, B, C donnent :

$$A' = mm'm'' \ , \quad B' = nn'n'' \ , \quad C = pp'p''.$$

Donc on voit que $u'v'w' = uA' + vB' + wC'$; c'est la propriété qu'il fallait démontrer. Ainsi, par exemple, l'isoscéloèdre $L = 16.8.3$, à l'aide des trois faces $p = 111$, $p' = 0\bar{1}1, p'' = 10\bar{1}$, qui concourent au sommet e latéral du rhomboèdre de clivage, peut s'écrire $L = 9p + p' + 7p''$; il suit de ce qui précède que sa notation par rapport à ces faces prises comme plans coordonnés sera

$$917 = d^1\, d^{\frac{1}{\bar{9}}}\, b^{\frac{1}{\bar{7}}}.$$

Dans le cas où la face F est en zone avec les faces A et B, $p = 0$ et $F = m\,A + n\,B$; d'après ce qui précède, le symbole $\underline{mn}$ signifie qu'elle est due à un décroissement sur l'arête $A\,B$ représenté par $\dfrac{m}{n}$.

Ainsi, dans l'exemple choisi plus haut, $z = 41 = b_L^{4}$.

Moyen de calcul. — Une face est déterminée par les angles qu'elle fait avec deux faces connues de position ; mais le calcul est compliqué si l'on n'emploie que deux angles ; il devient très simple lorsqu'on se sert de trois angles.

Soient α, α', α'' les angles que fait la face xyz inconnue respectivement avec les faces connues hkl, $h'k'l'$, $h''k''l''$. La formule *(a)* de la page 169 donne :

$$\cos \alpha = \frac{ax + by + cz}{M\,m}, \; \cos \alpha' = \frac{a'x + b'y + c'z}{M\,m'},$$

$$\cos \alpha'' = \frac{a''x + b''y + c''z}{M\,m''},$$

formules dans lesquelles m, m' et m'' sont les modules des trois faces connues, M le module de la face inconnue. En divisant ces équations, membre à membre, pour éliminer M, il vient :

$$\frac{ax + by + cz}{a''x + b''y + c''z} = \frac{m \cos \alpha}{m'' \cos \alpha''} = k$$

$$\frac{a'x + b'y + c'z}{a''x + b''y + c''z} = \frac{m' \cos \alpha'}{m'' \cos \alpha''} = k'.$$

On obtient ainsi deux équations du 1er degré, desquelles on tire : $\dfrac{x}{y}$ et $\dfrac{z}{y}$. Comme on s'est servi d'une condition de trop, il faut alors essayer si la face xyz ainsi notée satisfait aux trois conditions proposées, ce qui constitue une vérification. On peut être certain de la bonté des mesures lorsque, en se servant des caractéristiques compliquées fournies par le calcul, on retrouve très approximativement les angles mesurés. On trouvera à la fin de ce Mémoire (page 348) un tableau contenant les rapports $\dfrac{h}{k}$ et $\dfrac{l}{k}$ pour les faces de la calcite; lorsqu'on a calculé les rapports des caractéristiques d'une forme qu'il s'agit de déterminer, il suffit de se reporter à ce tableau pour voir si cette forme est déjà connue.

CRISTAUX DU 1er GISEMENT.

Formes provenant d'un biseau placé sur les arêtes b de l'isoscéloèdre L.

Nous avons vu (pag. 170) que toute modification de l'angle e antérieur de l'isoscéloèdre L est donnée par

$$hkl = \left(d^{\frac{1}{2h-k}} \; d^{\frac{1}{2k-h}} \; b^{\frac{1}{h+k-8l}} \right)_L.$$

Si l'on considère les faces en zone avec les deux faces antérieures de l'isoscéloèdre, on a : $h + k = 8\,l$ et, par conséquent :

$$hkl = b_L^{\frac{2h-k}{2k-h}}.$$

Réciproquement :

$$(1) \qquad b_L^{\frac{m}{n}} = 8(n + 2m).\ 8(2n + m).\ 3(m + n)$$

$$= \left\{ d^{\frac{1}{7m-n}} \; d^{\frac{1}{7n-m}} \; b^{\frac{1}{9(m+n)}} \right\}_p, \text{ si } \frac{m}{n} < 7$$

et

$$= \left\{ d^{\frac{1}{m-7n}} \; d^{\frac{1}{9(m+n)}} \; b^{\frac{1}{7m-n}} \right\}_p, \text{ si } \frac{m}{n} > 7$$

Ainsi : $e^3 = 441 = b_L^{\frac{1}{}}$, $\Omega = 32.24.7 = b_L^{\frac{3}{2}}$, $d^{\frac{3}{2}} = 531 = b_L^{7}$.

CRISTAUX PRÉSENTANT LA FACE

$$z = 24.16.5 = d^{1}\ d^{\frac{1}{9}}\ b^{\frac{1}{15}} = b^{4}_{L}.$$

Les faces z se présentent sous forme de biseau placé sur l'arête culminante b de l'isoscéloèdre L; ordinairement une seule face du biseau existe, ou bien les deux faces sont inégalement développées. Lorsque ces faces sont ternes, on peut les confondre avec celles de la forme $d^{\overline{\frac{3}{2}}}$ dont nous avons parlé dans notre premier mémoire; on les distingue à ce que $d^{\overline{\frac{3}{2}}}$ coïncide presque avec L tandis que z s'en détache bien. Au-dessus de z se trouvent une série de facettes très voisines, ordinairement peu distinctes, dont il sera parlé plus loin (page 205), de sorte que l'intersection de z avec L se termine vers le haut par une ligne courbe, comme le montre la figure 7, qui représente l'aspect général des cristaux dont il s'agit [1]. Les mesures donnent des résultats un peu variables d'un cristal à l'autre. Dans le tableau suivant se trouvent les incidences obtenues sur dix cristaux à faces nettes.

ANGLES POLAIRES	CALCULÉS	MESURÉS			
Lz adjac.	10°.40'	10°.40'	10°.40'	10°.49'	10°.46'
		10°.50'	10°.52'	10°.55'	10°.41'
Lz opposés (8.16.3) (24.16.5)	47°.48'	47°.50'	47°.44'		

(1) Il suffit de remplacer dans cette figure le biseau S'' par le biseau z.

La face z se trouve à l'intersection de la zone (¹) $11\bar{8}$ que nous examinons et de la zone $11.\overline{19}.8$ déterminée par p (111) et la face $16.8.\bar{3}$ de l'isoscéloèdre L. Elle se trouve aussi sur la zone $a^1\ d^2\ y\ (2\bar{3}0)$.

Cristaux présentant la face :

$$S = 54.34.11 = d^1\ d^{\frac{1}{21}}\ b^{\frac{1}{33}} = b_L^{\frac{37}{7}}$$

La figure 5 représente de petits cristaux à faces bien réfléchissantes, se rapportant à un type dont nous possédions déjà de nombreux échantillons qui n'avaient pu être étudiés à cause de la courbure et du faible pouvoir réfléchissant des faces. Les nouveaux cristaux ont depuis 1 jusqu'à 12 millimètres de longueur. Dans les anciens cristaux nous avions cru que les faces S appartenaient au scalénoèdre $d^{\frac{3}{2}}$, d'abord à cause de l'angle de 8" environ que ces faces font avec d^2 adjac., ensuite parce que ab semble approximativement parallèle à l'intersection de p avec d^2. Mais la droite cf n'est pas parallèle à ab et par conséquent le scalénoèdre n'est pas de la forme $d^{\frac{m}{n}}$; d'ailleurs, dans un cristal à faces parfaitement réfléchissantes, nous avons pu nettement établir que d^2, p et S ne sont pas en zone.

(¹) Pour abréger, nous désignerons la zone qui a pour équation $ax + by + cz = 0$ par abc. Ainsi, la zone déterminée par les deux faces antérieures de L (16.8.3 et 8.16.3), zone qui a pour équation $x + y - 8z = 0$, sera désignée par $11\bar{8}$. De même la zone désignée par $2\bar{3}0$ a pour équation $2x = 3y$.

Pour chercher la notation de S nous sommes parti des mesures suivantes :

$$S\,p = 37°.\,17\,' \ (14'.\,17.\,18.\,19.\,18)$$
$$S\,S \text{ sur } p = 41°.\,58' \ (57'.\,53.\,63.\,59.\,58\,)$$
$$S\,e^{\frac{7}{5}}_{\text{infér.}} \quad = 34°.\,46' \ (45'.\,46.\,46.\,46.\,45).$$

Par la méthode exposée page 175, on en déduit :

$$\frac{x}{y} = 1{,}59256 = \frac{35}{22}, \qquad \frac{z}{y} = 0{,}31853 = \frac{7}{22}, \text{ puis}$$

$$S = 35.\,22.\,7 = d^{\frac{1}{11}}\ d^{\frac{1}{2}}\ b^{\frac{1}{64}} \quad (\log.\ M = 1{,}4976759).$$

Depuis nous avons pu mesurer très exactement les angles :

$$Sd^2 \ = 8°.\,16' \ (12'.\,15.\,15.\,16.\,16.\,17.\,17.\,18.\,18.\,17),$$
$$Sp \ = 37°.\,13' \ (15'.\,15.\,14.\,12.\,12.\,17.\,15.\,13.\,14.\,17).$$

D'autres angles ont pu être aussi mesurés assez exactement. Ils sont cités dans le tableau suivant, dans lequel nous avons aussi inscrit les incidences relatives à $d^{\frac{3}{2}}$ ainsi que celles qui correspondraient à la notation simplifiée $11.\,7.\,2 = d^{\frac{1}{13}}\ d^{1}\ b^{\frac{1}{20}}$, dont le rapport des caractéristiques s'approche assez bien ([1]) des nombres trouvés.

[1] $\dfrac{x}{y} = 1{,}57,\ \dfrac{z}{y} = 0{,}29,\ \log.\ M = 0{,}9936332.$

ANGLES	CALCULÉS			MESURÉS
	$d^{\frac{3}{2}}$	$d^{1}3\ d^{1}\ b^{\frac{1}{2}0}$	$d^{\frac{1}{4}1}\ d^{\frac{1}{2}}\ b^{\frac{1}{6}4}$	
sur p	45°32′	41°10′	41°57′	41°.58′
avec p	37°55′	38°1′	37°10′	37°.13′
avec $e^{\frac{7}{5}}$ inf.	35°50′	33°25′	34°37′	34°.46′
avec d^{2}	8°53′	9°17′	8°16′	8°.16′
avec $e^{\frac{7}{5}}$ sup.	35°32′	37°58′	37°20′,5	37°.8′
sur d^{1}	29°16′	29°39′	30°59′	31°.4′

Si l'on adoptait la notation $S = d^{\frac{1}{4}1}\ d^{\frac{1}{2}}\ b^{\frac{1}{6}4}$, cette face serait donnée par l'intersection des zones $10\overline{5}$ $\left(e^{2}_{010}\ d^{\frac{3}{2}}_{531} \right)$ et $10.\ 7.\ \overline{72}$ $\left(L_{16.8.3}\ \delta_{361} \right)$.

Très souvent ces cristaux montrent à l'intérieur des lignes cg (fig. 5) parallèles aux intersections de L avec d^{2}; ils paraissent s'être formés autour de cristaux ayant pour notation Ld^{1}, $Ld^{2}p$ ou $Ld^{2}e^{2}$; quelquefois les faces p et L intérieures sont visibles à cause d'un dépôt noirâtre qui les sépare du cristal enveloppant (Éch. N° 137). Enfin nous avons rencontré quelques cristaux, dans lesquels une partie des faces L est encore visible (N.ˢ 7125, 5006). (Voir les fig. 49 et 50.)

Plus tard, sur un cristal limpide et à faces réfléchissantes, ayant la forme Ld^{2}, j'ai rencontré, placé sur les arêtes b de l'isocéloèdre (fig. 6), un biseau qui, à première vue, paraît être $d^{\frac{3}{2}}$ à cause de la netteté de ses lignes d'intersection avec les faces d^2 adjac.; des mesures fort exactes nous ont donné :

$$\text{Angle avec } L_{\text{adj.}} = 8^{\text{n}}.15' \; (15'.\,15.\,15.\,15.\,14),$$
$$\text{angle avec } p = 37^{\circ}.47' \; (46'.\,45.\,49.\,45.\,48).$$

Or, $d^{2\overline{3}}\,L = 6^{\text{n}}.28'$ et $zL = 10^{\circ}.40'$; notre face est donc intermédiaire entre $d^{2\overline{3}}$ et z sur la zone $x + y - 8\,z = 0$. En la désignant par xyz, on trouve :

$$\frac{x}{y} = \frac{2{,}688417}{1{,}688417} = \frac{35}{22}, \text{ puis : } \quad xyz = 35.\,22.\,7^{\overline{\frac{1}{8}}} \; (^1).$$

On voit que cette face est très proche de la face 35.22.7 observée dans les cristaux précédents.

Nous avons essayé de ramener la première face à celle qui a été observée en biseau sur les arêtes b de l'isoscéloèdre.

Entre $z = b^{4}_{L}$ et $d^{2\overline{3}} = b^{7}_{L}$ il peut exister b^{5}_{L}, b^{6}_{L} et d'autres formes intermédiaires fort voisines (vu que $z\,d^{2\overline{3}} = 4^{\text{n}}.12'$) qui, rapportées aux axes ordinaires, auront des notations compliquées.

Nous avons essayé les notations : (Voir la formule (1) page 179).

$$b^{5}_{L} = 44.\,28.9 = d^{\overline{\frac{1}{17}}}\, d^{1}\, b^{\overline{\frac{1}{27}}}, \qquad \log. M = 1{,}5981211$$

$$b^{\overline{\frac{16}{3}}}_{L} = 280.176.57 = d^{\overline{\frac{1}{109}}}\, d^{\overline{\frac{1}{5}}}\, b^{\overline{\frac{1}{171}}} \qquad\qquad {}_{n} = 2{,}4011638$$

(^{1}) Dans un autre cristal de la même forme (N° 504), j'ai pu prendre les mesures fort exactes que voici : $Ld^2 = 13^{\circ}33'$, LL sur $c^1 = 58^{\circ}26'$, $LS = 8^{\circ}17'$.

$$b_L^{\frac{11}{2}} = 64.\ 40.13 = d^{\frac{1}{25}}\ d^1\ b^{\frac{1}{39}}, \qquad \log. M = 1{,}7598924$$

$$b_L^{6} = 104.\ 64.21 = d^{\frac{1}{41}}\ d^1\ b^{\frac{1}{63}} \qquad \text{''} \quad = 1{,}9699889$$

et, en dernier lieu :

$$b_L^{\frac{37}{7}} = 54.\ 34.11 = d^{\frac{1}{21}}\ d^1\ b^{\frac{1}{33}} \qquad \text{''} \quad = 1{,}6864877$$

qui nous a donné, avec une notation relativement simple, une approximation suffisante.

ANGLES.	CALCULÉS.						MESURÉS.	
	b_L^{5}	$b_L^{\frac{37}{7}}$	$b_L^{\frac{16}{3}}$	$b_L^{\frac{11}{2}}$	b_L^{6}	b_L^{7}	An-cienne face S	Biscau.
sur p	40°55′	41°46′	41°54′	42°21′	43°35′	45°32′	41°58′	42°4′
avec L adj.	8°46′	8°21′	8°17′	8°3′	7°27′	6°28′		8°15′
sur d^1	31°59′	31°27′	31°22′	31°5′	30°22′	29°46′	31°4′	
avec p (111)	36°43′	36 55′,5	36°58′	37°5′	37°23	37°55′	37°43′	37°47′
avec d^2 adj.	7°53′	8°1′,5	8°3′	8°8′	8°24′	8°53′	8°46′	
avec $e^{\frac{7}{5}}$ inf.	34°32′	34°46′	34°48′	34°55′	35°16′	35°50′	34°46′	
avec $e^{\frac{7}{5}}$ lat.	37°48′	37°23′	37°19′	37°6′	36°30′	35°32′	37°8′	
avec $p\ (10\bar{1})$	68°26′	68°12′	68°40′	68°2′	67°42′	67°10′	68°11′	

La face $S = d^{\frac{1}{21}}\ d^1\ b^{\frac{1}{33}}$ se trouve sur la zone LL, que nous étudions, là où elle est coupée par les zones $\bar{9}.\ 13.\ 4$ $\left(d^{\frac{13}{8}}\ y\ e_{\frac{2}{111}}^{\frac{1}{2}} \right)$ et $4\bar{7}2\ (d^2\ b^9)$ (¹).

(¹) La correspondance presque parfaite à laquelle on parvient en adoptant

Les cristaux que nous étudions portent, outre les faces S, des facettes Φ (fig. 5) dont la courbure n'a permis que des mesures approximatives ; celles-ci conduisent à la forme connue $\Phi = 25.17.3 = d^{\frac{1}{2}}\, d^{\frac{1}{10}}\, b^{\frac{1}{15}}$ dont les faces sont parallèles aux arêtes $L\, e^2$ et dont il sera parlé plus loin (voir page 220). Chaque face Φ produit deux images qu'il m'a été impossible de circonscrire ; dans la mesure de l'angle $p\,\Phi$, ces images se confondent sensiblement. Les intersections des faces S et Φ ne sont pas visibles ; c'est là que la face Φ paraît courbe. Il existe, en général,

la notation 35.22.7 (voir l'avant-dernier tableau) peut suggérer l'idée de chercher quelle serait la légère modification à faire subir à la notation de l'isoscéloèdre fondamental, pour que 35.22.7 puisse représenter un biseau placé sur les arêtes b de ce dernier. Si $2h.h.l$, $h.2h.l$ sont les deux faces antérieures de l'isoscéloèdre, la zone qu'elles déterminent a pour équation $l.l.\overline{3h}$; pour que 35.22.7 vérifie cette équation, il faut que $7h = 19\,l$; donc l'isoscéloèdre a pour notation $38.19.7 = d^{\frac{1}{7}}\, d^{\frac{1}{64}}\, b^{\frac{1}{50}}$, $log.\ M = 1,5271829$. Si nous calculons les principales incidences relatives à L pour les notations 16 8.3 et 38.19.7, nous obtenons :

ANGLES.	Pour 38 19.7	Pour 16.8 3
sur p	58°31'9"	58°28'4"
sur c^1	58°31'9"	58°28'4"
sur d^1	24°20'12'	24°45'28"
avec p	41°52'37"	11°44'53"
avec d^2	13°38'30"	13°30'40"

Les angles sur p sont trop voisins pour que la mesure puisse faire décider entre les deux notations. Quant aux autres angles, par des mesures prises sur de petits cristaux à faces parfaites, nous nous sommes assuré que c'est bien à la notation 16.8.3 qu'ils correspondent. Citons ici trois cristaux. N° 4322. Mesuré : $L\,d^2 = 13°30'$ (28'. 29. 30. 30. 30. 30. 31. 31. 31. 31). N° 4211. Mesuré : $\overline{LL}$ sur $d^1 = 24°43'$ (45'. 45. 40. 42. 41). Troisième cristal : LL sur $d^1 = 24°50'$ (50'. 50. 50. 50. 50).

outre les faces e^2 et $e^{\overline{5}7}$, une très petite facette rhomboédrique placée sur l'arête $S\,S$ antérieure, non reproduite dans le dessin, ayant la forme d'un triangle
très aigu; elle appartient au rhomboèdre connu $e^{\overline{\frac{20}{7}}}$
voisin de e^3; voici la correspondance approximative :

ANGLES.	CALCULÉS.	MESURÉS.
Φ Φ sur p	36°10'	36°12'
p Φ	40°44'	40°22'
S Φ adj.	6°18'	5° à 6°
$p\,e^{\overline{\frac{20}{7}}}$	32°41'	32°25'

La notation générale de ces cristaux est : $d^2\,S\,e^{\overline{5}7}p\,\Phi\,e^2\,e^{\overline{\frac{20}{7}}}$. Sur quelques individus on remarque la base $a^1 = 001$.
Souvent ces cristaux sont hémitropes par rapport à a^1 (¹).

Les cristaux du type $d^2\,S\Phi$ prennent souvent de
grandes dimensions; ils deviennent alors grossiers. Ces
grands cristaux sont abondants; on peut dire que tous
les grands cristaux scalénoédriques trouvés dans le
gisement de Rhisnes appartiennent à ce type. Tantôt
d^2 est prédominant et les faces S et Φ deviennent rudi-
mentaires, tantôt c'est S qui domine. Dans ces grands
cristaux, il est impossible de voir, par des mesures, si

(¹) Quant aux différentes combinaisons dans lesquelles entre la face S, voir
page 319 de ce mémoire la liste de toutes les combinaisons de formes observées à Rhisnes.

c'est S ou $d^{\overline{\frac{3}{2}}}$ que l'on doit noter le scalénoèdre intermédiaire; ce n'est que par l'analogie des formes ainsi que par l'aspect de leur agencement que l'œil habitué peut arriver à établir une distinction.

Avant de continuer l'étude des formes provenant d'un biseau placé sur les arêtes b de l'isoscéloèdre L, nous allons étudier quelques faces rhomboédriques spéciales, observées sur les cristaux précédents.

Appendice. — Cristaux présentant les rhomboèdres :
$$e^{\overline{\frac{17}{10}}},\ e^{\overline{\frac{6}{11}}} \text{ et } e^{\overline{\frac{15}{7}}}.$$

1°) Dans un échantillon où les cristaux avaient pour notation $d^2\, S e^{\overline{\frac{7}{5}}}\, e^2\, p\, \Phi$, nous avons rencontré un individu (N° 1382) qui ne porte pas les mêmes rhomboèdres dans les zones latérales ([1]); tandis que d'un côté on trouve $e^{\overline{\frac{7}{5}}}$ et e^1, de l'autre on rencontre e^1, $e^{\overline{\frac{4}{3}}}$, $e^{\overline{\frac{7}{3}}}$ et un autre rhomboèdre situé entre $e^{\overline{\frac{4}{3}}}$ et $e^{\overline{\frac{7}{3}}}$ déjà observé dans des cristaux analogues; ici la face étant nettement réfléchissante, on a pu mesurer fort exactement :

$$e^x\, e^{\overline{\frac{4}{3}}} = 9°33' \ (30'.\ 34.\ 32.\ 35.\ 33).$$

Ce rhomboèdre répond à la notation $901 = e^{\overline{\frac{17}{10}}}$. Il a été déjà signalé par M. Sansoni à Andreasberg (Sansoni. *Sulle forme cristalline della calcite di Andreasberg*, pag. 48. N° 102) ([2]). Dans un autre cristal (N° 4) hémitrope

---

([1]) Il paraît dû à l'assemblage de deux cristaux à axes parallèles.

([2]) $e^{\overline{\frac{17}{10}}}$ est l'inverse du rhomboèdre $991 = e^{\overline{\frac{19}{8}}}$ signalé par le même cristallographe, à Blaton (*Bulletin de l'Académie de Belgique*, 54ᵐᵉ année, 3ᵐᵉ série, tome 9. N° 4, page 293).

par rapport à a^1, nous avons rencontré la combinaison $S\,d^2\,a^1\,pe^1\,e^{\frac{7}{5}}\,e^{\frac{4}{3}}\,e^{\frac{17}{10}}\,e^2$; nous y avons pris des mesures conduisant à $e^{\frac{17}{10}}\,a^1 = 83°37'$. Enfin, dans un troisième cristal (N° 30) on a obtenu $e^1\,e^{\frac{17}{10}} = 20°35'$. Voici le tableau de correspondance, dans lequel nous avons aussi inscrit les incidences relatives à $e^{\frac{5}{3}}$ (^{1}) et $e^{\frac{7}{4}}$, formes qui comprennent entre elles le rhomboèdre $e^{\frac{17}{10}}$.

ANGLES	CALCULÉS	MESURÉS		ANGLES	CALCULÉS	MESURÉS	
$e^{\frac{4}{3}}\,e^{\frac{5}{3}}$	8°56'			$p_{10\bar{1}}\,e^1$	72°16'	72°13'	
$e^{\frac{4}{3}}\,e^{\frac{17}{10}}$	9°44'	9°33'		$p_{10\bar{1}}\,e^{\frac{4}{3}}$	61°32'	61°37'	
$e^{\frac{4}{3}}\,e^{\frac{7}{4}}$	10°53'			$p\;\,e^{\frac{7}{3}}$	39°36'	39°50'	
$e^1\,e^{\frac{5}{3}}$	19°40'			$e^1\,e^{\frac{7}{5}}$	12°40'	12°43'	12°44'
$e^1\,e^{\frac{17}{10}}$	20°28'	20°35'	20°30'	$e^1\,e^{\frac{4}{3}}$	10°44'	10°51'	10°42'
$e^1\,e^{\frac{7}{4}}$	21°37'			$d^2\,S$	8°1',5	8°10' 8°13' 8°8'	
$a^1\,e^{\frac{5}{3}}$	82°47'			$a^1\,e^{\frac{4}{3}}$	73°51'	73°49'	
$a^1\,e^{\frac{17}{10}}$	83°35'	83°37'		$a^1\,e^{\frac{7}{5}}$	75°47'	75°51'	
$a^1\,e^{\frac{7}{4}}$	84°44'						

(^{1}) Si l'on rapporte $e^{\frac{5}{3}}$ (801) aux arêtes de l'angle e latéral de L, on trouve

2°) Dans un cristal (N° 126) ayant la forme générale de ceux que nous venons d'étudier, mais dans lequel les faces S étaient remplacées par $d^{\frac{3}{2}}$, nous avons rencontré un rhomboèdre très voisin de $e^{\frac{1}{2}}$ et qui répond à la notation : 17. 0. 16 $= e^{\frac{6}{11}}$. On a mesuré $e^{\frac{6}{11}} p_{10\bar{1}} = 89^{\circ}3'$ (4'.3.1). Ce cristal montre la combinaison $d^2\, d^{\frac{3}{2}}\, e^{\frac{7}{5}}\, e^{\frac{7}{4}}\, e^{\frac{6}{11}}\, pa'$. Dans un autre individu, dont il sera parlé à propos de la face l (voir p. 219), on a mesuré approximativement $e^{\frac{7}{5}}\, e^{\frac{6}{11}} = 29^{\circ}11'$. Ces nombres ne permettent de faire coïncider $e^{\frac{6}{11}}$ ni avec $e^{\frac{10}{17}}$ ni avec $e^{\frac{1}{2}}$, comme l'indique la correspondance :

ANGLES.	$e^{\frac{1}{2}} p_{10\bar{1}}$	$e^{\frac{6}{11}} p_{10\bar{1}}$	$e^{\frac{10}{17}} p_{10\bar{1}}$	$e^{\frac{7}{5}} e^{\frac{1}{2}}$	$e^{\frac{7}{5}} e^{\frac{6}{11}}$	$e^{\frac{7}{5}} e^{\frac{10}{17}}$	$d^{\frac{3}{2}} e^{\frac{7}{5}}_{\text{lat.}}$	$d^{\frac{3}{2}} p_{10\bar{1}}$	$d^{\frac{3}{2}} d^2$
CALCULÉS.	90°46′	89°2′	87°24′	31°10′	29°26′	27°48′	35°32′	67°10′	8°53′
MESURÉS .		89°3′			29°11′		35°12′	67°43′	8°52′

(voir p. 170) $e^{\frac{5}{3}} = \left(d^1\ d^1\ B^1\ b^{\frac{1}{3}} \right)_{l.}$, c'est-à-dire que c'est le rhomboèdre obtenu en faisant passer des plans par les arêtes b de l'isoscéloèdre ; c'est à cause de cela que nous avions noté $e^{\frac{5}{3}}$ le rhomboèdre dont nous nous occupons, avant que des mesures précises nous aient forcé à abandonner cette notation simple.

3°) Enfin, dans un grand cristal du même type (N° 128) la face rhomboédrique antérieure placée entre les faces Φ faisait avec le clivage un angle de 42°35′ (39. 33. 34). En désignant par α et β les angles que fait la face rhomboédrique respectivement avec p (111) et $e^{\frac{1}{2}}$ (11$\bar{1}$) et par m le rapport $\dfrac{sin\,\beta}{sin\,\alpha}$, la notation du rhomboèdre est (voir p.173)

$$(m+1)\,(m+1)\,(m-1) = e^{\frac{3\,m+1}{2}}.$$

Dans notre cas :

$$m = 1{,}1014 \;(pe^{\frac{1}{2}} = 90°46′) \text{ et } \frac{3\,m+1}{2} = 2{,}1521.$$

La notation $e^{\frac{15}{7}}$ répond bien aux mesures.

$$\text{Angle avec } p. \text{ Calculé} \begin{cases} e^{\frac{19}{9}} & 43°19′ \\[4pt] e^{\frac{15}{7}} & 42°45′ \end{cases} . \text{ Mesuré } 42°35′.$$

Ce rhomboèdre a été aussi trouvé dans le second gisement (voir page 311).

CRISTAUX PRÉSENTANT LES FACES :

$$S' \;=\; 29.19.6 \;=\; d^{\frac{1}{11}}\, d^{\text{\tiny I}}\, b^{\frac{1}{18}} = b^{\frac{15}{5}}_{\ L}$$

$$S'' \;=\; 34.22.7 \;=\; d^{\frac{1}{15}}\, d^{\text{\tiny I}}\, b^{\frac{1}{21}} = b^{\frac{25}{5}}_{\ L}$$

$$S''' \;=\; 44.28.9 \;=\; d^{\frac{1}{17}}\, d^{\text{\tiny I}}\, b^{\frac{1}{27}} = b^{5}_{\ L}$$

$$S^{\mathrm{iv}} \;=\; 104.64.21 \;=\; d^{\frac{1}{11}}\, d^{\text{\tiny I}}\, b^{\frac{1}{65}} = b^{6}_{\ L}$$

1°) La face S' a été toujours trouvée formant biseau sur les arêtes b de l'isoscéloèdre L; les cristaux qui la portent ont l'aspect général représenté par la fig. 7.

On a obtenu dans un premier cristal ($N°$ 154) : $S'S$ sur $p = 38°39'$ (41'. 47. 43. 33. 38. 30). Dans un 2me cristal, très net, on a mesuré $LS'_{adj.} = 9°57'$ (55'. 56. 57. 57. 58. 59. 57. 56. 58. 58). Dans un 3me cristal ($N°$ 72), on a trouvé $LS'_{opp.} = 48°30'$; dans d'autres cristaux, les mesures ont donné $LS'_{adj.} = 9°48'$, 10°, 10°. Ces incidences conduisent à la notation $S' = 29.19.6$.

ANGLES	CALCULÉS	MESURÉS
$S'S'$ sur p	38°33',5	38°39'
LS' adj.	9°57'	9°57'
LS' opp.	48°31'	48°30'

La face S' se trouve sur la zone LL là où elle est coupée par la zone $2\bar{4}3$ (d^1 d'_{gauche}). La face S' est très voisine de z, vu que $S'z = 0°43'$; cependant, vu le degré d'exactitude des mesures, il nous a été impossible de les faire coïncider; les angles sur p, par exemple, différeraient d'$1°26'$.

2°) La face S'' analogue de la précédente a pu fournir de bonnes mesures. Ordinairement elle se présente sous forme de biseau sur les arêtes b de l'isoscéloèdre (fig. 7). La forme S'' est presque toujours hémiédrique; ses faces sont toujours très larges, ce qui donne aux cristaux un aspect singulier, la face L subsistant entièrement d'un côté et étant remplacée, quelquefois presque en totalité, par la face S'' de l'autre côté. Les faces S'' se terminent vers le haut par des faces dont il sera parlé page 205, donnant avec L des intersections courbes.

Dans le grand cristal $N°$ 253 on a mesuré $LS''_{opp.} = 49°14'$ (12'. 15. 14. 16. 12); on en déduit $LS''_{adj.} = 9°14'$.

Dans trois autres cristaux, la mesure directe nous avait donné : $LS'_{\text{adj.}} = 9°22'$, $9°12'$ et $9''18'$. Ces mesures nous avaient conduit à la notation $73.47.15 = d^{\overline{\frac{1}{28}}}\, d^{\overline{\frac{1}{2}}}\, b^{\overline{\frac{1}{46}}}$, qui donne $LS'' = 9°15'$. Depuis nous avons mesuré dans deux cristaux très nets :

N° 51) $LS' = 9°20'$ (20'. 20. 19. 19. 21).
N° 52) $LS' = 9°32'$ (32'. 32. 32. 31).

Nous avons préféré adopter pour S'' la notation plus simple :

$$S' = \dot{3}4.22.7 = d^{\frac{1}{13}}\, d^1\, b^{\frac{1}{21}} = b^{\frac{25}{5}}_{L},$$

qui donne $S''S''$ sur $p = 39°34'31''$, puis $LS'' = 9°27'$. La face S'' se trouve à l'intersection de la zone que nous étudions et de la zone $\overline{3}42$ ($e^{1}_{\overline{22}1}\; o^{4}_{0\overline{12}}$).

La forme S'' a été trouvée aussi indépendante de l'isoscéloèdre L dans des cristaux (N° 32) ayant pour notation $S'\, d^2\, e^{\overline{\frac{5}{3}}}\, \Phi\, e^2$ [1] et présentant l'aspect général de ceux sur lesquels on a déterminé la face S (fig. 5). Nous avons mesuré :

$S'S'$ sur $p = 39°43'$ (47'. 37. 46. 43.), $S'p = 36°32'$ (32'. 33. 32).

$Sd^2 = 7°36' \begin{cases} \text{d'un côté } 7''33' \text{ (37'. 31. 30. 33. 34)} \\ \text{de l'autre } 7°40' \text{ (40'. 42. 43. 39. 35)} \end{cases}$

$S''e^{\overline{\frac{5}{3}}} = 39°25'$ (25'. 26. 23), $S''\Phi = 6''5'$ (5'. 11. $\overline{7}$. 6. 12),
        $p\Phi = 40°48'$ (42'. 56. 52. 56. 32).

Les trois premières incidences conduisent à :

$$\frac{x}{y} = 1{,}54687, \quad \frac{z}{y} = 0{,}313094.$$

Ces rapports sont presques identiques à ceux relatifs à $S'' = d^{\overline{\frac{1}{13}}}\, d^1\, b^{\overline{\frac{1}{21}}}$ que nous venons de trouver en biseau sur les arêtes de L. Voici la correspondance :

[1] La notation $e^{\overline{\frac{6}{5}}}$ n'est qu'approximative.

ANGLES . . .	$S'' S''_{\text{sur } p}$	$S'p$	$S'd^2$	$S''e^{\bar{5}}$	$p'p$	$S''\phi$
CALCULÉS. . .	$39°34',5$	$36°23'$	$7°41',5$	$39°26'$	$40°44'$	$5°54',5$
MESURÉS . . .	$39°43'$	$36°32'$	$7°36'$	$39°25'$	$40°48'$	$6°5'$

3°) Des mesures prises sur quelques cristaux du même type nous amènent à admettre en outre dans les cristaux de Rhisnes la présence d'une face $S''' = b^{\bar{5}}_L$. Dans le cristal N° 2030 on a pu mesurer avec précision :

$$S'''p_{10\bar{1}} = 68°26' \; (29'. \, 28. \, 26. \, 24. \, 25),$$
$$S'''d^2_{\text{adj.}} = 7°47' \; (47'. \, 48. \, 47. \, 46. \, 45)$$

Dans le cristal N° 3227 on a obtenu :

$$S'''p_{111} = 36°55' \; (53'. \, 59. \, 53. \, 52. \, 56)$$
$$\text{et} \qquad S'''S''' \text{ sur } p = 40°56' \; (52'. \, 55. \, 57. \, 56. \, 61).$$

ANGLES. . . .	$S'''S''''_{\text{sur } p}$	$S'''d^2$	$S'''p_{111}$	$S'''p_{10\bar{1}}$
CALCULÉS. . .	$40°55'$	$7°53'$	$36°43'$	$68°26'$
MESURÉS . . .	$40°36'$	$7°47'$	$36°55'$	$68°26'$

Dans un cristal du type représenté par la fig. 6

(N° 6989), les mesures prises sur une face du biseau nous ont donné :

$$S''d^2 = 7°54' \ (51'.\ 52.\ 55.\ 58.\ 51.\ 57.\ 55.\ 54.\ 54.\ 58.\ 49)$$
$$S''L = 8°28' \ (30'.\ 35.\ 25.\ 27.\ 28.\ 27.\ 30.\ 27.\ 25.\ 25).$$

En se reportant au tableau de la page 185, on voit que ces incidences correspondent aussi bien à S'' qu'à $S = b_L^{\frac{37}{7}}$; l'existence de la face S''' *en biseau* sur les arêtes de l'isoscéloèdre est donc douteuse.

4°) Enfin, dans certains cristaux du type représenté par la fig. 6, le biseau nous a donné des incidences conduisant à la notation $S^{\text{v}} = b_L^6$. Dans l'échantillon N° 150, deux cristaux différents nous ont donné $LS^{\text{IV}} = 7°25'$. Le cristal N° 485, de notation $Ld^2 S^{\text{IV}}\Phi$, nous a donné $LS^{\text{v}} = 7°12'$ (voir le tableau de la page 185).

CRISTAUX PRÉSENTANT LES FACES :

$$\Omega = 32.24.7 = d^{\frac{1}{5}}\, d^{\frac{1}{11}}\, b^{\frac{1}{21}} = b_L^{\frac{5}{2}}$$

$$\Omega' = 37.27.8 = d^{\frac{1}{5}}\, d^{\frac{1}{13}}\, b^{\frac{1}{24}} = b_L^{\frac{47}{17}}.$$

Dans les faces examinées précédemment de la forme $b_L^{\frac{m}{n}}$, on avait $4 \leq \dfrac{m}{n} \leq 7$; dans les deux formes que nous allons examiner on a : $\dfrac{m}{n} < 4$.

1°) La face Ω déjà signalée dans d'autres localités et rencontrée aussi par nous dans les cristaux du second gisement (voir page 297) n'a été trouvée ici que dans un seul cristal (N° 492) représenté par la fig. 8. Quoique nette, Ω est très petite et les mesures ne sont qu'approximatives.

$$\text{Mesuré :} \begin{cases} \Omega e^5 = 13°53' \ (53'.53.51.51.57) \\ \Omega L = 15°33' \ (35'.31.35.31.35) \\ \Omega d^2 = 8°21' \ (17'.26.\ 9.\ 30.\ 24) \\ L e^5 = 29°21' \ (\ 20'.\quad 21.\quad 21\ ) \end{cases} \qquad \text{Calculé :} \begin{cases} 13°29' \\ 15°45' \\ 8°42' \\ 29°14' \end{cases}$$

Les faces L, Ω, e^5 sont nettement en zone.

Le cristal a pour notation $d^2 L p\, e^5 e^{\overline{\frac{1}{2}}} \Omega$; la face $e^{\overline{\frac{1}{2}}}$ forme un parallélogramme entre deux groupes $p d^2$. Le cristal présente en outre latéralement des rhomboèdres mal définis qui ont donné avec le clivage adjacent des incidences respectives de :

$$60°50', \quad 54°38', \quad 53°25', \quad 51°8'$$

et correspondent respectivement à $e^{\overline{\frac{4}{3}}}$, à un rhomboèdre compris entre $e^{\overline{\frac{3}{2}}}$ et $e^{\overline{\frac{5}{3}}}$, à $e^{\overline{\frac{5}{3}}}$ et à $e^{\overline{\frac{7}{4}}}$.

2°) La face Ω' n'a été observée que sur des cristaux scalénoédriques ou prismatiques terminant des isoscéloèdres L et formés autour d'isoscéloèdres préexistants.

a) La fig. 48 représente un cristal faisant partie d'un beau groupe (N° 302) dont il sera parlé page 262; il a pour notation $L d^2\, e^5\, e^2\, \Phi e^{\overline{\frac{17}{7}}}\, \Omega'$. La face Ω', un peu courbe, nous a fourni les mesures approximatives suivantes :

$$\Omega' p_{111} = 34°25' \ (26'.23)$$

$$\Omega' d^2_{121} = 8°43' \ (45'.\ 41.\ 43) \quad (^1) \quad \Omega' d^2_{251} = 33°32' \ (43'.22.30).$$

Cette face, voisine de Ω, de $F = d^{\overline{\frac{1}{7}}}\, d^{\overline{\frac{1}{2}}}\, b^{\overline{\frac{1}{13}}}$, et de $\Sigma = d^{\overline{\frac{1}{17}}}\, d^{\overline{\frac{1}{5}}}\, b^{\overline{\frac{1}{31}}} (^2)$

(¹) On suppose la face Ω' placée à droite.

(²) Voir page 231 ce qui est dit à propos des faces F et Σ.

ne peut être supposée identique à l'une d'elles comme l'indique le tableau :

ANGLES	Pour Ω	Pour F	Pour Σ	MESURÉS
avec 111	33°41'	34°47'	35°31'	34°25'
» 321	8°42'	9°40'	10°20'	8°43'
» 231	32°14'	32°35'	32°31'	33°32'

En partant de nos trois mesures, on arrive à :

$$x = 0{,}58056 \qquad y = 0{,}42386 \qquad z = 0{,}12354.$$

On en tire la notation $33.24.7 = d^{\frac{1}{33}}\, d^{\frac{1}{8}}\, b^{\frac{1}{64}}$ qui donne une concordance satisfaisante ([1]); mais, si l'on observe que $\dfrac{x+y}{8}$ est approximativement égal à z, on est tenté de considérer Ω' comme provenant d'un biseau placé sur les arêtes b de l'isoscéloèdre L. Nous consignons dans le tableau suivant les notations essayées.

Nous avons choisi la notation $37.27.8 = d^{\frac{1}{13}}\, d^{\frac{1}{5}}\, b^{\frac{1}{24}}$ comme

[1] La face $33.24.7$ serait à l'intersection des zones $\overline{2}16\left(d^{1}_{120}\ d^{\frac{8}{5}}_{13.8.3}\ \zeta_{421} \right)$ et $1.3.\overline{15}\left(\delta_{651}\ c^{\frac{5}{2}}_{051} \right)$.

représentant une modification relativement simple des arêtes du rhomboèdre primitif ([1]).

ANGLES	CALCULÉS.				MESURÉS
	33.24.7	$14.10\ 3 = b^{5}_{L}$	$23.17.5 = b^{\frac{20}{11}}_{L}$	$37.27.8 = b^{\frac{47}{17}}_{L}$	
Avec p_{111}	34°25′	34°31′	33°56′	34°9′	34°25′
Avec d^{2}_{321}	8°18′	7°49′,5	8°23′	9°1′	8°43′
Avec d^{2}_{251}	33°37′	34°19′	32°51′,5	33°24′,5	33°32′
log. M.	1,4826842	1,1090691	1,3279009	1,5331199	

La face Ω' se trouve à l'intersection de la zone $11\overline{8}$ que nous examinons et de la zone $8.\overline{16}.17 \left(d^{1}\ d^{\frac{11}{5}}_{\text{gauche.}} \right)$. Vers le haut, la face e^{2} déposée ultérieurement se termine par une partie légèrement inclinée sur la verticale à laquelle on peut assigner approximativement la notation $e^{\overline{7}} = 881$ (inverse de $e^{\overline{5}}$). Calculé : $pe^{\overline{7}} = 38°10′$. Mesuré : 37°55′ (49′. 52. 65) ([2]).

([1]) On a aussi essayé les notations simplifiées qui suivent :
$$431 = d^{1}\ d^{\overline{4}}\ b^{\overline{8}}, \quad 25.18.5 = d^{\overline{2}}\ d^{\overline{9}}\ b^{\overline{16}}, \quad 10.7.2 = d^{\overline{2}}\ d^{\overline{11}}\ b^{\overline{19}};$$
elles donnent respectivement pour l'angle avec p : 31°54′, 35°15′ et 35°36′.

([2]) La notation donnée par le calcul est $31.31.4 = c^{\frac{22}{9}}$.

b). $d^2\ e^2\ e^{\overset{5}{\overline{2}}}\ \Omega'\,\Phi\,d^{\overset{x}{\overline{5}}}$.

Cristaux scalénoédriques de couleur très foncée, formés sur des isoscéloèdres, entourés presque toujours incomplètement par un cristal prismatique (fig. 9). Dans le voisinage de e^2 on remarque des facettes très voisines qui, en se confondant, paraissent constituer une face unique courbée dans trois sens, à arêtes d'intersection peu précises avec les faces environnantes; leurs lignes d'intersection mutuelles ne sont presque pas visibles. En général, ces faces ne peuvent fournir des mesures même approximatives; les cristaux N°s 3021 et 3221 nous ont permis de les déterminer. On a rapporté ces facettes au clivage p et à une face d^2. La face Ω' donne deux images parfaitement distinctes et fort nettes (en prenant pour mire la flamme d'une bougie).

Les incidences relatives à la première image sont :

Avec p : 34°43' (45'. 43. 44. 41) et 34°13' (17'. 10)
Avec d^2 : 8°41' (50'. 22. 28. 60. 48. 39) et 8" (0'.0).

Elles correspondent bien à la face Ω' déterminée ci-dessus.

Les faces Φ ont pu donner de bonnes mesures avec mires éloignées :

$p\Phi$. Calculé : 40°44'. Mesuré : 40°56' (56'. 55. 56. 58. 55)
Φd^2.   „   : 13°10'.   „   : 13°24' (22'. 23. 26. 25. 25).

Les faces marquées x n'ont pu donner lieu qu'à des mesures approximatives ; étant en zone avec d^2 et p, elles sont de la forme $d^{\overset{m}{\overline{n}}}$.

Dans le cristal N° 3221 on a obtenu $px = 35°10'$ (2'. 15. 14) et $d^2x = 5°47'$ (49'. 42. 49). Dans le cristal N° 3021, la face x donnait deux images correspondant à

$$px = \begin{cases} 6°24'\ (24'.\,24.\,24\,) \\ 6°39'\ (44'.\,42.\,36.\,34\,) \end{cases} 6°31'.$$

Cette face peut être notée ([1]) approximativement $d^{\overline{5}}$, avec $pd^{\overline{5}} = 35°47'$ et $d^2\, d^{\overline{5}} = 6°45'$. Entre les faces e^2 et $e^{\overline{2}}$ on aperçoit des images donnant avec p : 37°57' 38°54' et 40°44'; ces incidences correspondent aux rhomboèdres $e^{\overline{7}}$ (observé dans le cristal précédent), $e^{\overline{8}}$ (observé à Blaton par M. Sansoni) et $e^{\overline{4}}$. Le calcul donne pour ces angles, respectivement : 38°10', 38°58' et 40°56'.

c) Cristal approximativement prismatique modifié par d^2 et Ω' (N° 55). On y a mesuré :

$$\Omega'p\ \ = 34°42'\ (41'.37.42.43.45.49.37). \text{— Calculé } 34°9'$$
$$\Omega'd^2_{321} = \ \ 8°53'\ (50'.56) \hspace{5em} \text{\textit{n}} \hspace{3em} 9°1'$$
$$\Omega'd^2_{231} = 33°22'\ (18'.21.23.24.24). \hspace{3em} \text{\textit{n}} \hspace{3em} 33°24'$$

CRISTAUX PRÉSENTANT LA FACE :

$$d = 171.101.34 = d^1\, d^{\overline{102}}\, b^{\overline{(3)}} = b^{\overline{31}}_{L}.$$

Face de la forme $b^{\frac{m}{n}}_{L}$, dans laquelle $\dfrac{m}{n} > 7$. Nous avons décrit dans notre premier Mémoire (page 19) des cristaux présentant une forme voisine de $d^{\overline{2}}$, forme que nous avions représentée par $d^{\overline{15}}$ pour ne pas recourir à une nouvelle notation, malgré une différence de près

---

([1]) La notation $d^{\overline{8}}$ conviendrait mieux, vu que $pd^{\overline{8}} = 35°17'$ et $d^2 d^{\overline{8}} = 6°15'$; mais, vu le peu de précision des mesures, nous avons choisi la notation la plus simple. $d^{\overline{5}}$ occupe une position remarquable; elle est en zone avec L (16.8.3) et e^2 (100).

d'un degré entre l'angle sur e^1 mesuré et celui obtenu par le calcul. Ces cristaux sont toujours striés près des arêtes placées sur e^1 (fig. 9, 1er Mémoire). Nous avons rencontré depuis des cristaux dans lesquels la partie striée, fort étendue, donnait une image nette, qui nous a permis d'y reconnaître la face de l'isocéloèdre L·
Ainsi on a trouvé :

   Angle avec d^2 $= 13°24'$ Calculé : Ld^2 $= 13°30'$
      „   „ $p\overline{011} = 81°7'$ „ $Lp\overline{011} = 81°13'$.

D'ailleurs, dans plusieurs de ces cristaux, il existe en outre le prisme d^1, et l'on reconnait L aux intersections horizontales qu'il produit avec les faces de ce prisme. Dans quelques cristaux L est très developpé et les faces $d^{\overline{\frac{19}{13}}}$, que nous désignerons dorénavant par d, se réduisent à un biseau placé sur les arêtes b de l'isocéloèdre (N° 6). Enfin, dans un magnifique cristal limpide, ayant plus de 25 millimètres de hauteur (N° 160) et représenté par la fig. 10, l'arête antérieure de d porte la troncature e^3 ($pe^3 = 31°4'$) et nous avons constaté que les faces L, d et e^3 étaient en zone (¹). Nous avons donc dû abandonner la notation $d^{\overline{\frac{19}{13}}}$ et considérer les faces dont il s'agit comme étant de la forme $b''^{\overline{\frac{m}{L}}}$.

Ici $\dfrac{m}{n} > 7$ et la formule de transformation est :

$$b''^{\frac{m}{n}}_{L} = d^{\frac{1}{m-7n}}\, d'^{\frac{1}{3(m+n)}}\, b^{\frac{1}{7m-n}} \quad \text{(Voir page 179)}.$$

(¹) Ce cristal, hémitrope par rapport à a^1, a pour notation : $dd^1pb^1c^2e^1e^3$ Ld^2.....; il n'y a en réalité qu'une face b^1 très étroite, portée par l'arête b postérieure; cette face n'a pas été reproduite dans le dessin. Nous avons supposé, dans le dessin, la face c^2 latérale commune aux deux individus formant la macle. En réalité ces faces c^2 sont distinctes et placées symétriquement par rapport au plan d'hémitropie. Entre ces faces c^2 on aperçoit de petites facettes d,d^2,p inférieures du cristal supérieur, formant des angles rentrants avec les faces analogues supérieures du cristal inférieur.

En partant exclusivement de l'angle dd sur p, ou en tenant compte de l'angle sur e^1, etc., nous avons été amené à essayer les notations :

$$b_L^{\frac{25}{3}} = 196.116.39 = a^1\, a^{\frac{1}{117}}\, b^{\frac{1}{79}}$$

$$b_L^{\frac{31}{4}} = 176.104.35 = a^1\, a^{\frac{1}{105}}\, b^{\frac{1}{71}}$$

$$b_L^{\frac{241}{31}} = 171.101.34 = a^1\, a^{\frac{1}{102}}\, b^{\frac{1}{60}}$$

$$b_L^{8} = 136.\ 80.27 = a^1\, d^{\frac{1}{81}}\, b^{\frac{1}{35}}.$$

Voici quelques nouvelles mesures prises depuis notre premier Mémoire :

Cristal N° 368. $dd^2 Lp$. dd sur $p = 46°37'$, $Ld = 5°58'$, $d^2d = 9°27'$, $d^2L = 13°24'$, $Lp_{0\bar{1}1} = 81°7'$.

»   N° 4213. dd sur $p = 46°27'$ $(24'.24.27.27.31)$.

»   N° 292. dLd^2e^2.... dd sur $p = 46°33'(33'.32.35.32.33)$, $Ld = 5°49'$ $(53'.47.47)$.

»   N° 387. $d^1d^1 = 60°$ $(\bar{2}'.\bar{2}.0.\bar{1}.6)$.

»   N° 5030. $dp = 38°19'$.

»   N° 6982. dpd^1e^2L. dd sur $p = 46°29'$, dd sur $e^1 = 69°27'$, $dp = 38°20'$.

Voici le tableau de comparaison pour les différentes notations essayées [1].

____

[1] Si l'on considère la projection stéréographique de la calcite, on remarque que l'on peut obtenir des pôles très voisins de $d^{\frac{3}{2}}$ sur la zone LL, en joignant a^1 aux pôles des différentes formes $d^{\frac{m}{4}}$ comprises entre d^1 et $d^{\frac{3}{2}}$ et voisines de cette dernière. En général, la zone $a^1\, d^{\frac{m}{u}}$ coupe la zone LL en un point qui qui est le pôle de la forme $b_L^{\frac{m+2i}{m-u}}$. Les formes $d^{\frac{m}{u}}$ plus voisines de $d^{\frac{3}{2}}$ sont

ANGLES	CALCULÉS						MESURÉS	
	$b_L^7 = d^{\frac{5}{2}}$	$d^{\frac{19}{15}}$	$b_L^{\frac{23}{3}}$	$b_L^{\frac{31}{4}}$	$b_L^{\frac{241}{31}}$	b_L^8	Anciennes mesures	Nouvelles mesures
Sur p	45°32'	46°29'	46°35'	46°42'	46°44'	47°3'	46°33'	46°37' 46°27' 46°33' 46°29'
Sur e^l	70°59'	70°26'	69°58'	69°5.'	69°49'	69°31'	69°35'	69°27'
Avec p	37°55'	38°47'	38°12'	38°14'	38°14'	38°19'	38°26'	38°19' 38°20'
Avec d^2 . . .	8°53'	9°45'	9°10'	9°12',5	9°43'	9°18',5	9°45'	9°27' 9°16'
Avec L	6°28'	6°2'	5°56'	5°53'	5°52'	5°43'		5°58' 5°49'
$log. M$		1,4553109	2,2435624	2,1967601	2,1842267	2,0846189		

La notation b_L^8, qui est relativement la plus simple, donne une assez bonne concordance, sauf pour l'angle sur p qui est d'un $^1/_2$ degré trop fort. Nous choisissons la notation $d = d^1\, d^{\frac{1}{102}}\, b^{\frac{1}{68}}$. La face d se trouve à l'intersection de la zone LL et de la zone $a^2\, d^{\frac{10}{7}}$ (37. $\overline{65}$. 7).

Les cristaux présentant la face d sont quelquefois d'une limpidité remarquable. Leur hauteur varie depuis 3 jusqu'à 35 millimètres.

En résumé, en marchant de e^5 vers L, nous rencontrons sur la zone LL les formes suivantes :

$$e^5 = b^1_L, \quad \Omega = b^{\frac{5}{2}}_L, \quad \Omega' = b^{\frac{47}{17}}_L, \quad z = b^4_L, \quad S' = b^{\frac{15}{3}}_L,$$

Angle avec L.   29°14′   15°45′   14°32′   10°40′   9°57′

$$S'' = b^{\frac{25}{5}}_L, \quad S''' = b^5_L, \quad S = b^{\frac{57}{7}}_L, \quad S^{\text{IV}} = b^6_L, \quad d^{\frac{5}{2}} = b^7_L, \quad d = b^{\frac{241}{31}}_L$$

    9°27′   8°46′   8°21′   7°27′   6°28′   5°52′

La figure 11 montre la position des pôles de ces différentes faces sur le cercle de zone LL. Ces formes sont très voisines; les faces S' et S'' se rapprochent beaucoup $d^{\frac{19}{13}}$, $d^{\frac{10}{7}}$ et $d^{\frac{11}{8}}$. En joignant $d^{\frac{19}{13}}$ à a^1, on obtient, sur la zone LL, $b^{\frac{7.5}{L}} = 256.152.51$ (*log.* $M = 2,3596694$), qui s'approche trop de $d^{\frac{3}{2}}$, vu que l'angle sur e^1 serait de 70°12′. Si l'on opère de même sur $d^{\frac{10}{7}}$, on obtient b^8_L relaté ci-dessus. Enfin $d^{\frac{11}{8}}$ donne lieu à $b^9_L = 76.44.15$. (*log.* $M = 1,8313420$), qui, rapporté au rhomboèdre primitif, a la notation relativement simple $d^1\, d^{\frac{1}{45}}b^{\frac{1}{31}}$; mais les incidences calculées s'éloignent trop des angles obtenus par la mesure; on obtient : angle sur $p = 48°14′$ et angle sur $e^1 = 68°22′$.

de z par leur aspect; les faces S'', S, S^{IV} et d se groupent autour de $d^{\frac{3}{2}}$. Rarement on trouve dans le même cristal plus d'une face de biseau pouvant fournir des mesures de l'angle qu'elle fait avec L. Dans l'échantillon N° 476, on a pu prendre des mesures assez bonnes sur des faces appartenant à deux biseaux différents; on a trouvé $8°14'$ ($11'.16.16.15.13$) et $8°55'$ ($55'.59.57.51.53$); le premier biseau correspond à S, le second à S'''.

Faces par lesquelles se terminent les cristaux :

$$Lz, \ LS', \ LS''.$$

Les cristaux portant sur l'isoscéloèdre L des modifications de la forme $b^{\frac{m}{n}}_{L}$ peuvent se ranger en deux catégories. Dans la première se placent les cristaux portant $d^{\frac{3}{2}}$, S, d, S''' ou S^{IV}; ces cristaux sont terminés par les faces d^2 (fig. 6) et les arêtes d'intersection de ces faces avec $b^{\frac{m}{n}}_{L}$ sont toujours nettement tracées; quelquefois les faces d^2 y fournissent des images d'une netteté parfaite. Dans la seconde catégorie se placent les cristaux présentant les faces z, S' ou S''; ces cristaux ne se terminent jamais par les faces d^2, mais par des facettes voisines de d^2, souvent en assez grand nombre pour donner avec L une intersection courbe (fig. 7). L'angle que ces faces font avec L varie entre $10°43'$, pour la face située le plus bas, à $11°47'$ pour la face supérieure; dans un seul cas nous avons pu déterminer une face intermédiaire faisant avec L un angle de $11°8'$. Comme l'angle $Ld^2 = 13°30'$, on voit qu'il y a un écart assez grand qui ne permet pas de confondre avec d^2 les faces dont nous allons nous occuper. Nous désignons par c la facette inférieure, par c' la moyenne et par c'' la supérieure. L'intersection d'une face c avec la face $b''_L{}^{\overline{m}}$ adjacente n'est jamais apparente (fig. 7), ce qui fait distinguer de suite ces cristaux de ceux de la première catégorie. Les faces c se trouvent sur la zone $a'd^2z$ ou très près de cette zone, de sorte que leur intersection avec z, si elle était apparente, serait horizontale ou à peu près. D'ailleurs, on peut distinguer à simple vue une de ces faces c, lorsqu'elle est isolée, de d^2 à l'angle que l'arête d'intersection avec L fait avec l'arête LL antérieure. On a, fig. 12 :

	pour d^2	pour c''	pour c
$\alpha =$	$146°9'$	$153°45'$	$164°42'$
$\beta =$	$30°42'$	$24°1'$	$14°5'$.

Ces cristaux ne sont presque jamais simples comme le montrent les fig. 7 et 14; ordinairement ils se terminent vers le haut par un petit cristal Lp.

CRISTAUX PRÉSENTANT LA FACE :

$$c = 99.\,65.\,25 = d^{\frac{1}{\overline{36}}}\, d^{\frac{1}{\overline{2}}}\, b^{\frac{1}{\overline{65}}}.$$

Les cristaux portant la face c ont ordinairement pour notation Lzc; rarement dans cette combinaison z est remplacé par S'' ou S'.

Le premier cristal dans lequel nous avons rencontré c (N° 378) est représenté par la fig. 14. On y avait mesuré $Lc_{adj.} = 10°43'$, $Lc_{opp.} = 48°19'$, $pc = 33°36'$. On en déduit $\dfrac{x}{y} = 1{,}5247$, $\dfrac{z}{y} = 0{,}3848$. Si l'on prend approximativement $\dfrac{x}{y} = 1{,}5$, $\dfrac{z}{y} = 0{,}4$, on trouve le scalénoèdre

15. 10. 4 dont il va être parlé; mais l'approximation n'est pas suffisante, vu le degré d'exactitude des mesures (voir le tableau qui suit); en outre, si l'on part des caractéristiques compliquées données par le calcul, on trouve pour les trois angles que nous venons de citer: 10°36′, 48°18′ et 33°34′; on voit que la concordance est excellente. Depuis nous avons mesuré dans le même cristal : $\dot{c}p_{0\bar{1}1} = 85°27′\ (24′.\ 29.\ 27.\ 29)$.

Voici d'autres mesures :

N° 74. cc sur $p = 37°42′$ (38′. 42. 37. 34. 52. 45. 45),
$Lc = 10°50′,\ \ pc = 34°$ environ;

N° 3. cc sur $p = 38°$ environ, $Lc = 10°46′$;

N° 30bis. $Lc = 10°44′$ (43′. 43. 42. 43. 47).

N° 6712. Lzc enveloppé partiellement par Lpa'. Mesuré : $Lc = 10°42′$.

N° 121. $Lc = 10°38′$.

N° 400. $Lc = 10°41′$.

Les différentes notations essayées sont ([1]) :

$$15.\ 10.\ 4 = d^{\frac{1}{16}}\, d^1\, b^{\frac{1}{20}}, \qquad 39.\ 26.\ 10 = d^{\frac{1}{14}}\, d^1\, b^{\frac{1}{25}},$$

$$12.\ 8.\ 3 = d^{\frac{1}{13}}\, d^1\, b^{\frac{1}{25}}, \qquad 55.\ 36.\ 14 = d^{\frac{1}{20}}\, d^1\, b^{\frac{1}{35}}$$

$$\text{et} \quad 99.\ 65.\ 25 = d^{\frac{1}{36}}\, d^{\frac{1}{2}}\, b^{\frac{1}{63}}.$$

Voici la correspondance :

[1] Les trois premières notations représentent des faces appartenant à la zone a^1zd^2 pouvant être représentées symboliquement, la première par $z + 7d^2$, la deuxième par $z + 5d^2$ et la troisième par $z + 4d^2$ (Voir page 172).

ANGLES	CALCULÉS.					MESURÉS	
	15 10.4	39.26.10	12 8.3	55.36.14	99.65.25		
Avec $L_{16.8.5}$	11°31′	11°18′	11°10′	10°34′	10°39′	10°43′	10°44′
» $L_{8\ 16.5}$	47°37′	47°37′,5	47°38′,5	48°22′	48°15′	48°19′	
» p_{111}	32°32′	33°5′,5	33°27′	33°29′	33°32′	33°36′	
» $p_{0\bar{1}\bar{1}}$	85°19′	85°45′,5	86°2′,5	85°18′	85°28′,5	85°27′	
Sur p	36°28′5	36°36′	36°40′	38°5′,5	37°52′	37°42′	
$log.\ M$	1,1410189	1,5545806	1,0418386	1,7026234	1,9577863		

La notation 55. 36. 14 convient assez bien, sauf pour l'angle cL qui est trop faible si on le compare aux résultats obtenus dans tous les cristaux mesurés. Nous adoptons la notation $c = 99.\ 65.\ 25 = d^{\frac{1}{50}}\, d^{\frac{1}{2}}\, b^{\frac{1}{15}}$.

La face c se trouve à l'intersection des zones $d^2\, b^{\frac{9}{2}}\ (5\bar{8}1)$, $e^{\frac{5}{0\bar{1}1}}\, e^{\frac{15}{5}}_{661}\ (\bar{5}.\ 3.\ 12)$, $p_{0\bar{1}1}\, d^{\frac{7}{4}}\ (\overline{10}.\ 11.\ 11)$ et $d^{\frac{5}{5}}\, c^{\frac{5}{2}}_{501}\ (5.\ 2.\ \overline{25})$.

CRISTAL PRÉSENTANT LA FACE :

$$c' = 15.\,10.\,4 = d^{\overline{16}^1}\, d^1\, b^{\overline{29}^1}.$$

Le cristal N° 331, $LS''c'$, nous a donné les mesures suivantes :

$$Lc' = 11°14'\ (12'.14.14.14.14),\quad p_{111}c' = 32°33'(38'.36.33.31.29),$$

$$p_{0\bar{1}1}c' = 85°4'\ (\bar{2}'.6.8.12.\bar{5}),\quad p_{\bar{1}01}c' = 107°24'.$$

La notation 15. 10. 4 ([1]) convient fort bien, comme le montre la correspondance suivante :

([1]) Cette forme a été signalée par M. Sansoni à Blaton (*Bull. de l'Acad. de Belg.*, loc. cit. pages 292, 293 et 297). La face trouvée par M. Sansoni paraît mieux répondre à la notation : $39.26.10 = d^{\overline{14}^1}\, d^1\, b^{\overline{25}^1} = z + 5d^2$, notation qui est plus simple que celle qui a été adoptée, lorsqu'on rapporte les faces aux arêtes du rhomboèdre primitif.

Voici la correspondance :

Angles	Calc. pr $d^{\overline{16}^1}d^1\,b^{\overline{29}^1}$	Calc. pr $d^{\overline{14}^1}d^1\,b^{\overline{25}^1}$	Mesuré (Sansoni)
Avec d^2. .	3°55'	4°32',5	4°50'
Avec c^2. .	25°23'	25°	25°12' 26°8' 26°52'

Seulement, si l'on adoptait la seconde notation, la face de Blaton cesserait de se trouver sur la zone $e^2_{110}\,F_{20.15.4}$ dont l'exactitude a été vérifiée dans toutes les parties du cristal ; malheureusement la face F elle-même n'a pu être déterminée qu'approximativement.

4

ANGLES	CALCULÉS	MESURÉS
$L \quad c'$	11°31'	11°14'
$p_{111}c'$	32°32'	32°33'
$p_{0\bar{1}1}c'$	85°49'	85°4'
$p_{\bar{1}01}c'$	107°23',5	107°24'

La face c' se trouve à l'intersection des zones :

$$a^1 z d^2\ (2\bar{3}0), \quad d^1_{120}\ e^{\overset{11}{\bar{4}}}_{551}\ d^{\bar{4}}_{11.7.3}\ (\bar{2}.\,1.\,5), \quad e^2_{110}\ F_{20.15.4}\ (\bar{4}45).$$

Cristaux présentant la face :

$$c'' = 41.\,27.\,12 = d^{\overline{\frac{1}{45}}}\ d^1\ b^{\overline{\frac{1}{80}}}.$$

Ces cristaux, semblables aux précédents, (fig. 7) ont en général pour notation $LS''c''$; rarement S'' y est remplacé par S' ou z.

On a mesuré :

$$\text{N}^\circ\ 6352. \quad \begin{cases} Lc'' = 11°47' \ (50'.\,47.\,46.\,47.\,47), \\ c''c''\ \text{sur}\ p = 36°49'\ (49'.\,47.\,51.\,48.\,50), \\ pc'' = 31°34'\ (36'.\,38.\,33.\,29.\,34). \end{cases}$$

$$\text{N}^\circ\ 202. \quad \begin{cases} Lc'' = 11°42'\ (41'.\,44.\,41.\,43.\,41), \\ c''c''\ \text{sur}\ p = 37°10'\ (9'.\,11.\,8.\,10.\,12). \end{cases}$$

N° 47. 　　　$Lc'' = 11°50'$.
N° 339. 　　$Lc'' = 11°42'$.
N° 281. 　　$Lc'' = 11°36'$.

Les incidences obtenues dans le premier cristal conduisent à :

$$\frac{x}{y} = 1{,}51128 \quad \text{et} \quad \frac{z}{y} = 0{,}433522.$$

Les notations essayées sont :

$$21.14.6 = d^{\overline{\frac{1}{22}}} d^1 b^{\overline{\frac{1}{41}}} = z + 13\, d^2, \qquad 82.54.23 = d^{\overline{\frac{1}{29}}} d^1 b^{\overline{\frac{1}{53}}},$$

$$41.27.12 = d^{\overline{\frac{1}{43}}} d^1 b^{\overline{\frac{1}{80}}}, \qquad\qquad 45.30.13 = d^{\overline{\frac{1}{47}}} d^{\overline{\frac{1}{2}}} b^{\overline{\frac{1}{88}}}$$

$$\text{et} \quad 24.16.7 = d^{\overline{\frac{1}{25}}} d^1 b^{\overline{\frac{1}{47}}}.$$

Voici la correspondance :

ANGLES	CALCULÉS					MESURÉS	
	24.16.7	21.14.6	45.30.13	82.54.23	41.27.12		
Avec L	12°10′	12°	12°5′	11°26′	11°17′	11°47′	11°42′
Sur p	36°9′,5	36°14′	36°12′	37°17′	37°7′	36°49′	37°10′
Avec p	31°11′	31°30′,5	31°20′	31°59′	31°20′	31°34′	
$log.\ M$	1,3487691	1,2898890	1,6213541	1,8800461	1,5808307		

Nous choisissons la notation $41.27.12 = d^{\overline{\frac{1}{43}}} d^1 b^{\overline{\frac{1}{80}}}$.

La face c'' se trouve à l'intersection des zones :

$$a^4 d^2\ (3\overline{5}1) \quad \text{et} \quad d^{\overline{\frac{7}{4}}}_{11.7.3}\, e^{2.4.3}_{3}\ (3.\overline{9}.10).$$

Dans le cristal N° 72, on a pu obtenir pour une facette terminale deux images nettes donnant $Lc = 10°49'$ et $Lc'' = 11°54'$. Ce cristal a pour notation $LS'cc''$.

Cristaux présentant la face :

$$\Psi = 22.15.4 = d^{\frac{1}{4}}\ d^{\frac{1}{26}}\ b^{\frac{1}{41}}.$$

Les cristaux portant sur l'isoscéloèdre L le biseau z, S' ou S'' et qui se terminent vers le haut par les facettes c que nous venons d'étudier, montrent souvent, vers le bas de la face $b\frac{m}{n}_L$, une facette Ψ dont l'intersection avec cette dernière est invisible (fig. 13). Le cristal N° 47, de notation $LS'c''\Psi$ montre l'agencement des faces S', c'' et Ψ. Ces faces ont un éclat particulier et paraissent constituer une face unique, déposée dans le voisinage de l'arête LL antérieure (b), un peu courbée vers le haut et vers le bas. La face L représentée par la fig. 13 se compose de deux parties situées à des niveaux tant soit peu différents; la partie D, qui est la primitive, est plus nette que A qui se trouve à un niveau un peu supérieur; A se termine vers le bas par une ligne brisée dont les côtés paraissent être parallèles alternativement aux arêtes d et B de l'isoscéloèdre. Les faces S', c'' et Ψ sont venues se déposer entre les plans D et A près de l'arête b. Sur l'autre face L adjacente à b, il n'y a ni dépôt ni faces modifiantes (¹). On n'a pu prendre des

---

(¹) On peut calculer approximativement l'épaisseur du dépôt ultérieur. Si l est la largeur de la face S' déposée et x l'épaisseur de la couche parallèle à L, on a : $x = l \sin \overline{LS'}$. Or, $l = \frac{1}{5}$ de millimètre environ et $LS' = 9°57'$; on en conclut que $x = \frac{1}{30}$ de millimètre environ. Observons aussi que partout

mesures relatives à Ψ' que sur deux cristaux. Le N° 378 représenté par la fig. 14 nous a donné :

$$\Psi' L_{16\,8\,3} = 11°45' \;(43'.\,56.\,47.\,37.\,43)$$

$$\Psi' L_{8\,16\,3} = 46°58' \;(63'.\,59.\,53.\,56)$$

$$\Psi' p \;\;\;\;\; = 37°34'.$$

Ces incidences correspondent à la face $\Psi' = 22.\,15.\,4$ trouvée par Hessenberg sur des cristaux de Rossie (État de New-York), comme le montre la correspondance qui va suivre.

Cependant, il nous semble que la face Ψ' déterminée dans nos cristaux est en zone avec les faces $L = 16.8.3$ et $L' = \overline{8}83$. Nous avons essayé de ramener la face Ψ à la zone LL' dont il s'agit. Toute face de cette zone est de la forme :

$$mL - nL' = \left(e_{\frac{m-n}{n}}\right)_L = 8\,(2\,m - n).\,8\,(m + n).\,3\,(m - n)$$

$$= d^{\frac{1}{7\,(m-n)}}\, d^{\frac{1}{9\,n-m}}\, b^{\frac{1}{9\,m-n}}.$$

Dans notre cas (voir page 173) :

$$\frac{m}{n} = \frac{\sin \widetilde{\Psi L'}}{\sin \widetilde{\Psi' L}} = \frac{\sin 70°13'}{\sin 11°45'} = 4,6208 \,;$$

de sorte que $\quad \Psi' = \left(e_{3,6208}\right)_L.$

l'ensemble $c''S''\Psi'$ fait avec la face L sur laquelle il s'est déposé un angle de 10° à 12°.

La face L déposée en second lieu montre des figures à peu près triangulaires, dont les longs côtés sont formés par deux systèmes de droites parallèles se croisant entre eux sous un angle de quelques degrés. Le système supérieur est parallèle à l'arête Lc'', car, dans un cristal voisin, on perçoit au dessus de ces droites un miroitement simultané avec la face c''. Le système inférieur nous parait parallèle à l'arête Ld^2.

Les notations essayées sont :

$$D = (e_1)_L = 6.4.1 = d^{\frac{1}{7}}\, d^1\, b^{\frac{1}{11}}$$

$$\left(e_{\frac{13}{4}}\right)_L = d^{\frac{1}{105}} d^{\frac{1}{17}} b^{\frac{1}{167}}, \qquad \left(e_{\frac{52}{9}}\right)_L = d^{\frac{1}{28}} d^{\frac{1}{5}} b^{\frac{1}{15}}, \qquad \left(e_{\frac{7}{2}}\right)_L = d^{\frac{1}{49}} d^{\frac{1}{9}} b^{\frac{1}{79}}.$$

Voici la correspondance :

ANGLES	CALCULÉS					MESURÉS
	$D=\left(c_1\right)_L$	$\left(e_{\frac{15}{4}}\right)_L$	$\left(e_{\frac{52}{9}}\right)_L$	$\left(e_{\frac{7}{2}}\right)_L$	$\Psi = 22.15.4$	
Avec 16.8.3	10°47'	11°24'	11°36'	12°6'	11°36',5	11°45'
» 8.16.3	48°4'	47°28'	46°57'	46°48'	47°1'	46°58'
» p	38°13'	38°5'	37°59'	37°57'	37°1'	37°34'

On voit que la notation $\left(e_{\frac{52}{9}}\right)_L = d^{\frac{1}{28}} d^{\frac{1}{5}} l^{\frac{1}{15}}$ conviendrait fort bien pour représenter la face dont il s'agit ([1]); comme les mesures ne sont pas susceptibles d'une grande précision, nous avons laissé subsister le symbole plus simple $\Psi = 22.15.4 = d^{\frac{1}{5}} d^{\frac{1}{25}} b^{\frac{1}{11}}$ ([2]).

[1] Ainsi notée, la face en question serait à l'intersection des zones $L\, e^{\frac{7}{5}}$ et $e^{2}_{110}\ X_{25.2\,12}$ ($\overline{12}.12.23$).

[2] Pour que la face 22.15.4 puisse faire partie d'une zone ayant pour axe l'arête b d'un isoscéloèdre, il faudrait que ce dernier eût pour notation $58.29.12 = d^{\frac{1}{4}}\, a^{\frac{1}{55}}\, b^{\frac{1}{25}}$; l'angle dièdre de ses arêtes culminantes serait de $58°9'$ et l'angle sur d^1 de $27°14'$.

La face Ψ se trouve à l'intersection des zones :

$$d^{1}\, D d^{4}_{455}\,(1\bar{2}2),\quad d^{\overset{3}{\bar{2}}}_{351}\,k_{\bar{2}\bar{1}0}\,(1.2.\overline{13})\ \text{et}\ e^{2}_{010}\,\varphi_{11.5.2}\,(2.0.\overline{11}).$$

Le cristal N° 153, complet et ayant environ 27 millimètres de hauteur répond à la notation $Lpa^{1}\Psi$; il n'y a
qu'une seule face Ψ qui a donné :

$$L\Psi_{\text{adj}} = 11°14'\ (11'.\,35.\,35.\,18.\,18.\,31.\,19).$$

Formes provenant d'un biseau placé sur les arêtes B de l'isoscéloèdre L.

La zone qui a pour axe l'arête B de l'isoscéloèdre L a
pour équation $\overline{2}18$. Toute modification de l'angle e latéral
de L peut s'écrire (page 170) :

$$hkl = \left(d^{\frac{1}{h-2k}}\, d^{\frac{1}{h+k}}\, B^{\frac{1}{2h-k-8l}}\right)_{L}$$

et, comme ici $2h - k - 8l = 0$, il vient :

$$hkl = B^{\frac{h+k}{h-2k}}_{L}.$$

Réciproquement

$$B^{\overset{m}{\bar{n}}}_{L} = 8\,(n+2m).\,8\,(m-n).\,3\,(m+n) = \left\{d^{\frac{1}{m+9n}}\, d^{\frac{1}{n+9m}}\, b^{\frac{1}{7(m+n)}}\right\}_{p}.$$

Les formes $b^{\overset{m}{\bar{n}}}_{L}$ et $B^{\overset{m}{\bar{n}}}_{L}$ sont évidemment inverses ; ainsi

la face $\psi = d^{\frac{1}{2}}\, d^{\frac{1}{8}}\, b^{\frac{1}{7}} = B^{7}_{L}$ est l'inverse de $d^{\overset{3}{\bar{2}}} = b^{7}_{L}$.

Cristaux présentant les faces :

$$e_{3\,\overset{}{\underset{7}{\bar{}}}} = 14.4.3 = B^{3}_{L}\quad\text{et}\quad l = 24.8.5 = d^{\frac{1}{13}}\, d^{\frac{1}{37}}\, b^{\frac{1}{35}} = B^{4}_{L}.$$

Ces faces sont rares et mal développées ; les notations

que nous leur assignons doivent être considérées comme douteuses. Il n'y a que six cristaux qui présentent les modifications dont il s'agit et la face de forme $B_L^{\overset{m}{n}}$ n'est réfléchissante que dans un seul cristal. Voici les quelques mesures prises sur ces cristaux.

N° 15. Fragment d'un grand cristal analogue à celui qui est représenté par la fig. 15. On y a mesuré (¹) :

$$ll \text{ sur } e^1 = 36°26' \ (26'.\ 23.\ 15.\ 24.\ 40),$$
$$le^2_{100} = 23°57' \ (39'.\ 77.\ 70.\ 51.\ 48),$$
$$lp_{111} = 47°22' \ (69'.\ 49.\ 9.\ \overline{22}.\ 6).$$

En se reportant au tableau de correspondance placé plus loin, on voit que la face l correspond assez bien à B_L^4. Ainsi notée, elle se trouve à l'intersection des zones $Le^{\overset{7}{\overline{5}}} \ (\overline{2}18)$ et $a^1 \, e_2 \, b^{\overset{3}{\overline{2}}}$ .... $(1\overline{3}0)$. La face l est l'inverse de la face z dont il a été question page 180.

La fig. 15 montre un cristal (N° 528) hémitrope par rapport à a^1, à faces ternes mais bien dessinées, ayant 16 millimètres de hauteur au-dessus du plan d'hémitropie ; il présente la combinaison $d^2 \, pc^2 \, e^{\overset{7}{\overline{5}}} \, LlM.$ (En ce qui concerne la face M, voir page 233).

N° 523. C'est le seul cristal trouvé dans lequel L portait un biseau placé sur les arêtes B, ayant une face réfléchissante. Malheureusement la face 16.8.3 adjacente à la face en question donne des images multiples. La face $B_L^{\overset{m}{\overline{n}}}$ elle-même donne des images diffuses lorsque la

---

(¹) Les faces du cristal sont ternes ; on n'a pu obtenir des mesures qu'en enduisant d'une légère couche d'huile les faces de l'angle à mesurer et en noircissant les faces voisines.

rotation du cristal s'effectue autour de certains axes. D'après les angles obtenus par la mesure, on est amené à conclure qu'outre la face l ce cristal porte la face $e_{\frac{3}{7}} = B^{3}_{L}$ [1]; cependant nous n'avons pu réussir à distinguer deux images lorsque le cristal tourne autour de l'arête B de l'isoscéloèdre. La face $L = 8.16.3$ est parfaitement réfléchissante, d^2, quoique petite, donne une image nette, de sorte que les angles les plus sûrs sont ceux que la face à déterminer fait avec 8.16.3, avec d^2 et avec les clivages. On a obtenu :

Angles avec
$$\begin{cases}
p_{10\bar{1}} &= 61°35' \,(39'.\,38.\,35.\,34.\,31) \\
p_{\overline{111}} &= 132°26' \,(27'.\,24.\,22.\,31.\,25),\ \text{ou angle} \\
& \qquad\qquad \text{avec } p_{111} = 47\ 34' \\
d^2 &= 22°56' \,(43'.\,57.\,56.\,67.\,59) \\
l_{8.16.3} &= 71\ 59' \,(58'.\,62.\,58.\,57) \\
l_{\bar{8}\bar{8}\bar{3}} &= 44.41' \,(39'.\,41.\,45.\,40.\,39).\ \text{Autre} \\
& \qquad\qquad \text{image } 46°24'
\end{cases}$$

En comparant ces résultats au tableau qui suit, on voit que les trois premières mesures correspondent assez

---

[1] Cette forme a été signalée pour la première fois par M. Sansoni à Blaton (*loc. cit.* pages 291, 293, 296). Rapportée aux faces 201 et $22\bar{1}$ du rhomboèdre e^1, elle peut s'écrire symboliquement 52 (voir p. 172), de sorte qu'elle provient d'un biscau, sur les arêtes latérales du rhomboèdre e^1, représenté par $d^{\frac{5}{2}}_{e^1}$. En général toute face de la forme $e_{\frac{m}{n}}$ $\left(\dfrac{m}{n} < 1\right)$ peut s'écrire : $2n.\ n - m.\ m$; puis, par les formules de transformation données p. 171, $\left(e_{\frac{m}{n}}\right)_p = d^{\frac{n+m}{n-m}}_{e^1}$; ainsi $e_{\frac{1}{3}}$ est le métastatique d^2 du rhomboèdre e^1. La face $e_{\frac{3}{7}}$ est très voisine de $e_{\frac{2}{5}}$, car $e_{\frac{3}{7}}\ e_{\frac{2}{5}} = 1°12'20''$.

bien à B_L^4, la quatrième à $e_{\overline{7}}^5$ et la dernière paraît accuser l'existence simultanée des deux formes. Ce cristal sera noté : $l\,d^2 le_{\overline{7}}^5$. On a essayé les notations :

$$B_L^3 = 44.16.9 = d^{\frac{1}{7}} d^{\frac{1}{25}} b^{\frac{1}{21}}, \qquad log.\ M = 1{,}5981211$$

$$B_L^4 = 24.\ 8.5 = d^{\frac{1}{15}} d^{\frac{1}{57}} b^{\frac{1}{55}}, \qquad log.\ M = 1{,}3377476$$

$$B_L^{\overline{\frac{11}{5}}} = 100.32.21 = d^{\frac{1}{15}} d^{\frac{1}{51}} b^{\frac{1}{49}}, \qquad log.\ M = 1{,}9589414$$

$$B_L^5 = 14.\ 4.\ 3 = e_{\overline{7}}^5 \qquad , \qquad log.\ M = 1{,}1090691$$

ANGLES	CALCULÉS				MESURÉS
	B_L^5	B_L^4	$B_L^{\overline{\frac{11}{5}}}$	$B_L^5 = e_{\overline{7}}^5$	
Sur e^4	40°55′	37°7′	35°28′	31°16′	36°26′
Avec e_{100}^2	24°44′,5	23°44′	22°35′	21°1′	23°57′
» $p_{10\overline{1}}$	61°43′	61°21′	61°12′	60°51′	61°35′
» p_{111}	45°56′,5	46°59′,5	47°28′	48°42′	47°22′ 47°34′
» d^2	20°26′	22°5′,5	22°50′	24°43′	22°56′
» $L(8.16\ 3)$	67°	68°51′	69°39′	71°42′	71°59′
» $L(\overline{8}83)$	49°42′	47°47′	46°58′	44°52′	44°41′ 46°24′

N" 348. — $d^{\frac{3}{2}}\, d^2\, e^{\frac{7}{5}}\, l\, p\, c^1\, e^{\frac{6}{11}}$. Dans ce cristal, dont il a été question à propos du rhomboèdre $e^{\frac{6}{11}}$ (page 190), on reconnaît l à ce qu'elle coupe $e^{\frac{7}{5}}$ suivant sa ligne de pente et à l'angle approximatif $l\,e^{\frac{7}{5}} = 18"$ à $19"$.

N" 81. Analogue au précédent. Mesuré : $l\,e^{\frac{7}{5}} = 17°48'$ ([1]).

Remarque. Les modifications provenant d'un biseau sur les arêtes B de l'isoscéloèdre L ont ceci de particulier que les segments interceptés par leurs faces sur l'arête b et sur une arête d du rhomboèdre primitif sont à peu près égaux, c'est-à-dire que ces modifications sont à peu près de la forme $e_{\frac{p}{q}}$. Effectivement le rapport entre les deux caractéristiques de décroissement auquel nous faisons allusion est, dans $B_L^{\frac{m}{n}}$, $\dfrac{9\,m + n}{7\,(m + n)}$ (voir page 215); or ce rapport croît depuis $\dfrac{5}{7}$ jusqu'à $\dfrac{9}{7}$ lorsque $\dfrac{m}{n}$ varie depuis 1 jusqu'à ∞, en devenant égal à l'unité pour $\dfrac{m}{n} = 3$; il ne peut donc jamais s'éloigner beaucoup de l'unité, surtout si l'on considère des formes voisines de $c^{\frac{5}{7}} = B_L^5$. Ainsi la face $B_L^{\frac{5}{5}} = d^{\frac{1}{7}}\, d^{\frac{1}{25}}\, b^{\frac{1}{21}}$ peut s'écrire approximativement $e_{\frac{1}{5}}$.

<hr>

[1] Cette mesure donne $l\,l$ sur $c^1 = 35°36'$. Cette incidence, ainsi que plusieurs de celles qui ont été obtenues précédemment, se rapporte mieux à $B_L^{\frac{11}{5}}$ qu'à b_L^4 (voir le tableau de la page 218); mais, vu le peu d'exactitude dont les mesures sont susceptibles, il est inutile de compliquer les notations.

Formes dont les faces appartiennent à la zone déterminée par

les faces 16.8.3 et 8.16.$\bar{3}$ de l'isoscéloèdre L.

Cette zone, qui comprend aussi la face e^2 antérieure, a pour notation $\bar{3}38$; toute face appartenant à cette zone peut s'écrire :

$$L + m e^2 = (16 + m)\,(8 + m)\,3$$
$$= d^{\overset{1}{\overline{m+21}}}\, d^{\overline{m-3}}\, b^{\overset{1}{\overline{2n+27}}},\ \text{si } m > 3$$
$$= d^{\overset{1}{\overline{3-m}}}\, d^{\overset{1}{\overline{2n+27}}}\, b^{\overset{1}{\overline{n+21}}},\ \text{si } m < 3$$
$$= d^{\overset{11}{\overline{8}}}\qquad\qquad,\ \text{si } m = 3$$

CRISTAUX PRÉSENTANT LA FACE

$$\Phi = 25.17.3 = d^{\overset{1}{\overline{2}}}\, d^{\overset{1}{\overline{10}}}\, b^{\overset{1}{\overline{15}}} = L + 9e^2.$$

a) Les figures 16 et 17 montrent la forme générale des cristaux portant Φ en facettes de troncature des arêtes $L e^2$; leur notation est $L\, d^2 e^2 \Phi$ ou $L\, d^2 e^3 \Phi e^2$. Les faces Φ, ordinairement peu étendues, sont quelquefois bien nettes, mais rarement bien réfléchissantes ; les cristaux qui les portent ont des dimensions très variables.

On a mesuré :

$$\Phi L = 12°24'\ (27'.\,23.\,22),$$
$$\Phi d^2 = 13°7'\ (9'.\,10.\,6.\,4.\,4).$$

Voici d'autres mesures moins exactes :

$$\Phi L = 12°39'\ (35'.\,32.\,35.\,38.\,41.\,44.\,44.\,44.\,43.\,42),$$
$$p \Phi = 40°21'\ (22'.\,22.\,21.\,20.\,20),$$
$$\Phi L = 12°36'.$$

Ces incidences conduisent à la forme connue $\Phi = 25.17.3$, avec la correspondance :

ANGLES	CALCULÉS	MESURÉS
$\Phi\, L$	$12°25'$	$12°24'$
$p\,\Phi$	$40°44'$	$40°21'$
Φd^2	$13°10'$	$13°7'$

b) Nous avons vu précédemment (page 186 et fig. 5) que les faces Φ affectent des cristaux $S\, d^2\, e^{\overset{7}{\overline{5}}}$; la fig. 18 montre la combinaison $LS\Phi d^2$. Ici la face e^2 manque et Φ se présente comme troncature de l'arête (16.8.3) (8.16.$\overline{3}$). Mesures approximatives : $LS = 8°33'$ (34'. 31. 33. 37. 28); dans la mesure de $L\Phi$ on aperçoit (¹) deux images donnant respectivement $12°30'$ et $10°18'$. Lorsque la face Φ se présente, comme dans le cas actuel, sous forme de troncature de l'arête (16.8.3) (8.16.$\overline{3}$), à la loupe on y aperçoit toujours une ligne de suture, ce qui explique la double image dont nous venons de parler. La première incidence correspond à Φ; la seconde paraît accuser l'existence d'une face $L + me^2$, avec $m < 9$; on trouve en effet pour :

$$L + 6e^2 = 22.14.3 = d^1\, d^{\overset{1}{\overline{9}}}\, b^{\overset{1}{\overline{13}}} : \text{angle avec } L = 9°26'$$

et pour

$$L + 7e^2 = 23.15.3 = d^{\overline{4}}\, d^{\overset{1}{\overline{28}}}\, b^{\overset{1}{\overline{41}}} : \text{angle avec } L = 10°31'.$$

(¹) En prenant pour mire la flamme d'une bougie.

c) N° 706. $Ld^2e^2e^5\Phi p$. Dans une géode nous avons trouvé de grands cristaux incolores, à faces miroitantes, répondant à la notation ci-dessus indiquée, formant un tout compliqué représenté par la fig. 19, que nous avons pu dessiner en nous servant d'une photographie faite par M. Zeyen ; quelques-uns de ces cristaux sont hémitropes par rapport à a^1.

Remarque. Lorsque des dépôts cristallins viennent s'effectuer sur un cristal $Le^2d^4\Phi$, la face L tend à disparaître, d^1 et e^2 sont respectées et Φ prend de l'extension aux dépens de L. Dans ce cas la face Φ est courbe et son intersection avec d^2, intersection qui est presque horizontale, disparaît par l'arrondissement de la face. Ce sujet sera traité plus loin (page 260) d'une façon plus étendue.

La face Φ se trouve à l'intersection des zones Le^2 et

$$d^1_{1\overline{1}0}\ ve^{\frac{5}{2}}\ (1.1.\overline{14})\ (^1).$$

CRISTAUX PRÉSENTANT LA FACE :

$$R = 12.4.3 = d^{\frac{1}{7}}\,d^{\frac{1}{19}}\,b^{\frac{1}{17}} = L - 4e^2.$$

La figure 20, représente le seul cristal (N° 540) dans lequel la face R est bien réfléchissante. Ce cristal est formé par $c^{\frac{4}{5}}\,d^2\,c^1\,e^{\frac{1}{2}}\,p...$ enveloppant Ld^2e^1. La petite face R, très nette, appartient au cristal enveloppant. On a obtenu :

$$Re^1 \quad = 20°51'\ (51'.51.51.51),$$

$$Re^{\frac{4}{5}} \quad = 18°1'\ (1'.2.1).$$

$(^1)$ Φ peut aussi être considérée comme provenant d'un biseau $d^{\frac{17}{8}}$ placé sur les arêtes d du rhomboèdre $e^{\frac{7}{2}}$ (voir la note de la page 231).

$RL = 11°40'$ (45'. 40. 39. 39. 37),

$Rp = 45°41'$ (50'. 50. 40. 39. 34. 32. 49. 41. 41. 39. 38),

$Rd^2_{321} = 21°45'$ (44'. 44. 46. 49. 49. 47. 44. 45. 44. 43. 44).

En partant des trois premiers angles, on trouve $25.8.6 = d^{\overset{1}{5}} d^{\overset{1}{15}} b^{\overset{1}{12}}$, qui ne donne pas une concordance satisfaisante.

La presque égalité des deux derniers indices pourrait faire supposer que R est de la forme $e_{\frac{m}{n}}$; $e_1 = 621$, $e_2 = 10.3.2$, $e_3 = 14.4.3$ s'en approchent assez bien. Voici les autres essais faits dans le but d'arriver à une notation satisfaisante.

1° La face R étant très voisine de la zone $Le^{\overset{4}{5}}$ $(\overline{16}.5.56)$, nous avons essayé de l'y ramener. On arrive aux notations :

$$47.16.12 = d^{\overset{1}{9}} d^{\overset{1}{25}} b^{\overset{1}{22}} \qquad \text{et} \qquad 168.56.43 = d^{\overset{1}{35}} d^{\overset{1}{80}} b^{\overset{1}{79}}.$$

2° Comme les faces L n'appartiennent pas au cristal qui porte la face R, on a exclu l'angle RL et cherché la notation en partant des incidences Re^1, Rd^2 et $Re^{\overset{4}{5}}$; on arrive à $\dfrac{x}{y} = 3{,}0505$, $\dfrac{z}{y} = 0{,}7402$ et $R = 12.4.3 = d^{\overset{1}{7}} d^{\overset{1}{19}} b^{\overset{1}{17}}$.

3° Comme R est très voisine de $e_{3\overline{7}}$ nous avons aussi essayé de ramener R à la forme $B^{\overset{m}{1}}_{L}$ et enfin nous avons essayé la notation simple $21.7.5 = d^{\overset{1}{5}} d^{\overset{1}{11}} b^{\overset{1}{10}}$, représentant une face qui se trouve sur plusieurs zones connues.

Le tableau de correspondance prouve qu'aucune de ces notations ne donne une concordance en rapport avec l'exactitude dont les mesures sont susceptibles; il y a dans celles-ci une certaine incompatibilité due sans doute à ce que dans le groupement des cristaux à axes parallèles le parallélisme n'est pas absolu. Nous choisissons la notation 12.4.3 comme donnant le moindre écart moyen pour les trois mesures certaines Rd^2, Re^1 et $Re^{\frac{4}{5}}$.

ANGLES	CALCULÉS						
	Avec p	Avec d^2	Avec c^1	Avec $c^{\frac{4}{5}}$	Avec L	Sur c^1	Avec e^2_{100}
$\dfrac{e_2}{5}$	48°46'	24°13'	21°13'	16°47'	12°42'	33°7'	21°12'
$\dfrac{e_3}{7}=B_L^{3}$	48°42'	24°13'	20°1'	15°45'	13°36'	31°16'	21°1'
$B_L^{\frac{11}{3}}$	47°28'	22°50'	21°40'	17°50'	11°30'	35°28'	22°35'
B_L^{4}	47°	22°5',5	22°20',5	18°39',5	10°40',5	37°7'	23°14'
$B_L^{\frac{13}{3}}$	46°36'	21°27'	22°56'	19°22'	9°37'	38°33',5	23°48'
B_L^{5}	45°57'	20°26'	23°55'	20°33'	8°46'	40°55'	24°44',5
25.8.6	46°3'	22°12'	20°30'	17°35'	11°47'	35°10'	23°42'
21.7.5	46°35'	21°26'	21°12'	18°24'	10°58'	36°48'	24°18'
47.16.12	45°31'	20°42'	20°57'	18°46'	10°52'	37°28'	25°18'
12.4.3	45°1'	21°13'	20°47'	18°21'	11°10'	36°40'	24°45'
168.56.43	45°15'	21°7'	26°35'	18°20'	11°17'	36°36'	24°58',5
Mesurés	45°41'	21°45'	20°51'	18°1'	11°40'		

La face 12.4.3 se trouve à l'intersection des zones $a'\ k\ 0\ \pi\ e_2\ b^{\overset{5}{\bar{2}}}$ ($1\bar{3}0$) et $e^5\ d^{\bar{5}}\ \overset{5}{\underset{\bar{2}}{\xi}}\ e_1\ e^{\overset{7}{\bar{5}}}$ ($10\bar{4}$); son pôle se trouve déjà dessiné dans la projection stéréographique dressée par M. Des Cloizeaux. R se trouve aussi sur les zones $L\Phi e^2$ ($\bar{3}38$), $c^{\overset{3}{\bar{7}}}\ d'$ ($\bar{3}64$), $\alpha\ e^2_{100}\ d^4\ \underset{\bar{7}}{e_5}\ N$ ($03\bar{4}$).

Remarque. Nous avons calculé les angles sur e^1 et avec $e^2_{.00}$ pour montrer la grande analogie qu'il y a entre la face R et la face $l = B^4_L$ étudiée page 215. On a trouvé en effet : ll sur $e^1 = 36°26'$ et $le^2 = 23°57'$, nombres qui se rapprochent beaucoup de ceux que l'on a calculés pour 12.4.3; cependant entre les angles avec p il y a une différence assez notable, vu que nous avons trouvé $pl = 47°22'$ et $47°34'$ et $pR = 45°41'$. Les pôles des faces R et l se trouvent sur le cercle de zone $a'\ k\ 0\ \pi\ e_2\ b^{\overset{5}{\bar{2}}}$ cité plus haut; ils sont très voisins; on a : $Ra^1 = 73°58'$ et $la^1 = 76°32'$, de sorte que $Rl = 2\,34'$.

Dans le cristal N° 1587 dont il sera parlé page 229, on a mesuré $Re^1 = 21°16'$, $Rd^2 = 21°9'$.

Formes provenant d'un biseau placé sur les arêtes d du rhomboèdre e^3.

Le rhomboèdre e^3, qui provient de la troncature de l'arête antérieure b de l'isocéloèdre L, est très commun à Rhisnes; il y a peu de combinaisons dans lesquelles il n'entre pas. Les formes que nous allons examiner proviennent d'un biseau placé sur ses arêtes latérales d et appartiennent par conséquent à la zone $e^3 d^4$ ($1\bar{2}4$).

5

Toute modification de l'angle e du rhomboèdre e^3 est donnée (page 171) par la formule :

$$hkl = \left(d^{\overline{2h - k - 4l}}^{\,1} \; d^{\overline{2k - h - 4l}}^{\,1} \; b^{\overline{h + k + 4l}}^{\,1} \right)_{e^3}$$

Dans notre cas : $h - 2k + 4l = 0$, et par conséquent

$$hkl = \left(d^{\overline{h - k}}^{\,k} \right)_{e^3}.$$

Réciproquement :

$$\left(d^{\frac{m}{n}} \right)_{e^3} = 4\,(m + n).\,4\,m.\,m - n = \left(d^{\overline{m + 5n}}^{\,1} \; d^{\overline{m - n}}^{\,1} \; b^{\overline{5m + n}}^{\,1} \right)_{p}.$$

Ainsi :

$$y = 12.8.1 = \left(d^2 \right)_{e^3}, \quad \text{et} \quad \left(d^3 \right)_{e^3} = 861 = d^{\overline{5}}^{\,1} \, d^4 \, b^{\overline{5}}^{\,4} = v.$$

CRISTAUX PRÉSENTANT LA FACE :

$$y = 12.8.1 = d^{\overline{5}}^{\,1} \, d^4 \, b^{\overline{7}}^{\,4} = \left(d^2 \right)_{e^3}.$$

Dans un cristal (N° 220) analogue à celui qui est représenté par la figure 5, les faces Φ étaient remplacées par les faces y. On y a mesuré :

$$yd^2_{231} = 39°59' \,(55'.62.\,60.\,57),$$
$$yd^2_{321} = 15°26' \,(26'.25.\,27),$$
$$yy \text{ sur } p \text{ (appr.)} = 37°59' \,(48'.69),$$
$$yp \text{ (appr.)} = 42°56' \,(46'.61.\,52.\,62.\,60).$$

Ce cristal a pour notation $d^2 \, Sy\,e^{\overline{5}}^{\,7} \, e^2 \, e^{\overline{5}}^{\,7} p$.

La figure 50 représente deux cristaux, dont un ayant la forme $S\,e^{\overline{5}}^{\,7} y$, qui sont venus se former autour d'un isocéloèdre L terminé par Ld^2p. Ce groupe (N° 5006) sera décrit page 264. Dans des cristaux voisins on a mesuré : $d^2S = 8°30'$, SS sur $p = 41°46'$, $yd^2 = 15°3'$.

Enfin, dans un fragment de cristal (N° 191) nous avons rencontré la combinaison $d^2 \overset{4}{e^3} \overset{7}{e^5} e^2\, y p \overset{1}{e^2}$. On y a mesuré :

$$py \quad = 42°55' (54'.\ 57.\ 57.\ 55.\ 54),$$
$$ye^2 \quad = 19°56' (57'.\ 60.\ 58.\ 53.\ 53),$$
$$yd^2_{3\bar{1}\bar{1}} = 33°51' (50'.\ 52.\ 52).$$

La face y est à l'intersection des zones e^3d^1 et a^1d^2z ; elle se trouve aussi sur beaucoup d'autres zones entre lesquelles nous citerons Le^1 $(\overline{4}58)$ et $L_{\overline{16}\,\overline{8}.3}\ p_{\overline{1}01}$ $(8.\overline{13}.8)$. La forme y est le scalénoèdre d^2 du rhomboèdre e^3 ; elle constitue une modification simple $\left(\overset{1}{d^4}\ d^1\ \overset{1}{b^5}\right)_L$ de l'angle e antérieur de l'isoscéloèdre L. Voici la correspondance :

ANGLES. . . .	py	$yd^2_{32\bar{1}}$	$yd^2_{2\bar{5}1}$	$yd^2_{3\cdot\bar{1}}$	yy sur p	ye^2
CALCULÉS. . .	43°15'	15°8',5	40°	34°	38°2'	19°51'
MESURÉS . . ·	42°55'	15°26'	39°59'	33°51'	37°59'	19°56'

CRISTAUX PRÉSENTANT LA FACE :

$$C = 22.15.2 = \overset{1}{d^{\overline{9}}}\, \overset{1}{d^{\dot{2}}}\, \overset{1}{b^{\overline{13}}} = \left(d^{\overline{\tfrac{13}{7}}}\right)_{e^3}.$$

Dans le cristal N° 151 réprésenté par la figure 21, formé autour de Ld^2 et ayant la forme générale de ceux que nous venons d'examiner, les faces y sont remplacées par des faces voisines C, qui nous ont donné les mesures suivantes :

$$Cp_{111} = 42°39'\,(40'.\,33.\,34.\,33.\,46.\,40.\,43.\,41.\,40.\,42)$$
$$Cp_{10\bar{1}} = 63°29'\,(29'.\,27.\,28.\,31)$$
$$Cd^2_{15\bar{1}} = 63°52'\,(52'.\,48.\,54.\,53).$$

Dans le cristal N° 1031 $\left(d^2\,e^{\overset{7}{5}}\,e^2\,C....\right)$, on a obtenu :
$$Cp_{10\bar{1}} = 63°31',\qquad Cp_{111} = 42°32'.$$

Ces incidences conduisent à la notation 22.15.2 représentant aussi un biseau placé sur les arêtes en zig-zag du rhomboèdre e^5. La face C se trouve à l'intersection des zones $d^1\,e^3\,y$ et $e^2_{110}\,e^{\overset{4}{5}}_{702}\,d^{\overset{9}{\bar{7}}}$ ($\overline{227}$). Elle est très voisine de y ($\overline{Cy} = 1°4'$), mais on ne peut la faire coïncider avec cette dernière face, comme l'indique la correspondance :

ANGLES	CALCULÉS		MESURÉS	
	pour C	pour y		
Avec p_{111}	42°29'	43°15'	42°39'	42°32'
Avec $p_{10\bar{1}}$	63°29'	62°35'	63°29'	63°31'
Avec $d^2_{15\bar{1}}$	63°51'	64°29'	63°52'	

CRITAUX PRÉSENTANT LA FACE :

$$v = 861 = d^{\overset{1}{3}}\,d^1\,b^{\overset{1}{5}} = \left(d^5\right)_{e^3}.$$

Cette face, qui est très bien développée dans certains cristaux du second gisement (voir page 294), n'a été observée ici que sur deux cristaux. Il n'est pas certain que le premier de ces cristaux provienne du premier gisement. Le second cristal ne donnant pas des résultats certains, l'existence de la face v dans le premier gisement est douteuse.

N° 3128. $e^2 b' p d^2 v$. Cristal prismatique de couleur foncée, de troisième formation ([1]).

Mesuré : $v d^2 = 13°56'$ (57'. 53. 55. 56. 56. 57. 57. 55. 57. 55).
                    Calculé : 13°54'.

„ $v p = 39°16'$ (19'. 17. 18. 16. 16. 15. 14. 13. 15. 13).
                    Calculé : 39°12'.

La face v se trouve à l'intersection des zones $d^1 e^3$ $a^1 \Omega$, $d^1_{1\overline{1}0} e^{\frac{5}{2}}$.

CRISTAL PRÉSENTANT LA FACE :

$$x' = 16.14.3 = d^{\frac{1}{5}} d^{\frac{1}{5}} b^{\overline{11}} = (d^7)_{e^3}$$

N° 1587. $d^2 p e^{\frac{4}{3}} e^1 e^3 a^1 R x'$. C'est dans ce fragment de cristal que nous avons mesuré approximativement : $R e^1 = 21°16'$ et $R d^2 = 21°9'$ (page 225); on y remarque une face x' en zone avec e^3 et d^2_{231}; elle fait avec e^3 un angle approximatif de 7°26' (42'. 37. 12. 14. 27). C'est une face très voisine de $x = 651 = (d^5)_{e^3}$ pour laquelle $e^3 x = 9°35'$. La notation $x' = 16.14.3 = d^{\frac{1}{5}} d^{\frac{1}{5}} b^{\frac{1}{11}}$ convient assez bien ([2]) avec $e^3 x' = 7°1'$. Sur la projection stéréo-

---

([1]) Ce cristal s'est formé autour d'un scalénoèdre qui enveloppait un isoscéloèdre L.

([2]) La notation $\left(d^6\right)_{e^3} = d^{\frac{1}{9}} d^{\frac{1}{5}} b^{\frac{1}{19}}$, donnerait $e^3 x' = 8°6'$ et la notation $\left(d^{\frac{9}{5}}\right)_{e^3} = d^{\frac{1}{7}} d^{\frac{1}{4}} b^{\frac{1}{15}}$ donnerait : $e^3 x' = 7°42'$; cette dernière s'approcherait donc un peu mieux que la notation choisie; mais, vu le peu de précision dont les mesures sont susceptibles, il est inutile de compliquer les notations.

graphique dressée par M. Des Cloizeaux, par suite d'une imperfection de gravure, les trois cercles $d^1 e^3$, $d^1_{120} \, d^{\overline{\frac{8}{5}}}$ et $e^{\overline{\frac{11}{4}}} D \, d^{\overline{\frac{11}{8}}}$ ne se coupent pas au même point, comme cela devrait être; ce point est le pôle de x'. Ce pôle se trouve aussi sur le cercle $a^1 d^1 b^8$ ([1]).

Formes provenant d'un biseau placé sur les arêtes d du rhomboèdre e^4.

Le rhomboèdre e^4 n'a été trouvé à Rhisnes que sur deux cristaux (N° 5 et 70) en troncature très étroite de l'arête culminante antérieure du scalénoèdre d^2.

Pour avoir la notation d'une face de la forme $\left(d^{\frac{m}{n}}\right)_{e^4}$, sans passer par les formules de transformation, on peut se servir des remarques faites pages 173 et 174. Deux faces e^4 adjacentes ayant pour notation 552 et $50\overline{2}$, on a :

$$\left(d^{\frac{m}{n}}\right)_{e^4} = m\,(552) + n\,(50\overline{2}) = 5\,(m+n)\,.\,5\,m\,.\,2\,(m-n)$$

$$= \left(d^{\overline{\frac{1}{m+4n}}} \, d^{\overline{\frac{1}{m-n}}} \, b^{\overline{\frac{1}{4m+n}}}\right)_p \quad (^2).$$

<hr>

([1]) Cette zone se trouve aussi déjà dessinée dans la projection stéréographique que nous venons de citer.

(². Plus généralement, un biseau placé sur les arêtes d du rhomboèdre $e^{\frac{p}{q}}\left(\frac{p}{q} > 2\right)$ sera donné par les formules :

$$\left(d^{\frac{m}{n}}\right)_{e^{\frac{p}{q}}} = (m+n)(p+q)\,.\,m(p+q)\,.\,(m-n)(p-2q) = \left(d^{\overline{pn+qm}} \, d^{\overline{q(m-n)}} \, b^{\overline{pm+qn}}\right)_p.$$

Réciproquement, toute face hkl dont le pôle se trouve, sur la projection stéréogra-

Réciproquement, si $2h - 4k + 5l = 0$ (équation de la zone d^1e^1), $hkl = \left(d^{\overline{h-k}}^{\,k}\right)_{e^4}$.

CRISTAUX PRÉSENTANT LA FACE :

$$F = 20.15.4 = d^{\overline{7}}^{\,1} d^{\overline{2}}^{\,1} b^{\overline{13}}^{\,1} = \left(d^3\right)_{e^4}.$$

Cette face, qui a aussi été rencontrée dans les cristaux du second gisement (page 296), a été observée ici sur deux cristaux de notation $d^2 L F$.

Déjà connue dans les autres localités, la face F a été retrouvée par M. Sansoni à Blaton [1]. M. Des Cloizeaux a proposé de remplacer F par $\Sigma = 16.12.3 = d^{\overline{17}}^{\,1} d^{\overline{5}}^{\,1} b^{\overline{31}}^{\,1}$. Cette dernière face représente une modification simple de l'isoscéloèdre L $\left(d^1 d^{\overline{5}}^{\,1} b^1\right)_L$, mais les mesures prises dans le cristal que nous allons décrire nous ont forcé d'adopter la notation 20.15.4.

N° 2311. Scalénoèdre incolore ayant 10 millimètres de grand axe. Les faces F, ainsi que les faces de l'isoscéloèdre, (fig. 22) y sont très inégalement développées ; les dernières sont à peine visibles. Ce cristal est accolé laté-

phique, à l'intérieur du triangle e^2pd^1, c'est-à-dire toute face qui vérifie la relation $h + l < 2k$, peut être considérée comme provenant d'un biseau $d^{\overline{h-k}}^{\,k}$ placé sur les arêtes d du rhomboèdre $e^{\overline{2k-h-l}}^{\,4k-2h+l}$. Ainsi, par exemple, la face $\Phi = 25.17.3$ représente la modification $d^{\overline{8}}^{\,17}$ du rhomboèdre $e^{\overline{2}}^{\,7}$.

[1] Les faces F de Blaton étaient peu réfléchissantes (Sansoni, *loc. cit.* p. 292) et l'auteur ne donne cette notation que comme approximative. M. Sansoni a constaté dans ces cristaux l'existence de la zone $\overline{4}45$ déterminée par $e^{\overline{2}}_{\,110}$ et les trois scalénoèdres $c^1 = 15.10.4$, $F = 20.15.4$ et $a = 25.20.4$.

ralement, à axes parallèles, à un isoscéloèdre incolore.
On y a mesuré ([1]) :

$$FF \text{ sur } p = 27°56' \ (46'. 64. 62. 56. 54),$$
$$Fd^2_{321} = \ \ 9°25' \ (15'. 24. 28. 27. 29),$$
$$Fp_{10\bar{1}} = 71°49' \ (56'. 44. 47),$$
$$Fd^2_{13\bar{1}} = 63°42' \ (38'. 44. 44).$$

Voici la correspondance :

ANGLES	CALCULÉS			MESURÉS
	pour Λ	pour F	pour Σ	
Sur p	26°39'	27°6'	27°14'	27°56'
Avec d^2 (321)	8°42'	9°40'	10°20'	9°25'
Avec $p_{10\bar{1}}$	72°22'	71°25'	70°45'	71°49'
Avec $d^2_{13\bar{1}}$	64°4'	63°28'	63°4'	63°42'

N° 1235. Fragment presque limpide représenté par la
fig. 23. Les faces L et d^2 y sont parfaitement réfléchissantes; les faces F bien développées donnent des images
obscures et n'ont pu fournir que des mesures approximatives. Entre F et L se trouvent des facettes courbes et
indéterminables.

---

[1] Les faces F sont peu réfléchissantes et les mesures, tout en étant assez
bonnes, ne sont pas susceptibles d'une grande précision.

ANGLES	CALCULÉS	MESURÉS	
Ld^2	$13°30'$	$13°34'$	
$L_{16.8.\bar{5}}\,d^{\bar{2}}_{321}$	$35°1'$	$35°$	10 mesures.
FF sur p	$27°6'$	$27°47'$	
$F_{20.15.4}\,L_{16.8.\bar{5}}$	$29°43'$	$30°17'$ approx.	

La face F se trouve à l'intersection de la zone $d^1 e^1$ que nous étudions et de la zone $a^1\Omega v$ $(3\bar{4}0)$; son pôle se trouve donc déjà dessiné dans la projection stéréographique de M. Des Cloizeaux. Elle se trouve aussi sur les zones :

$$d^{\bar{\frac{5}{3}}}\,e^{\bar{\frac{7}{3}}}\,(\bar{5}.4.10),\quad d^{\bar{\frac{8}{5}}}\,e^{\bar{\frac{5}{2}}}\,(\overline{13}.8.35),\quad \psi d^{\bar{\frac{5}{2}}}\,e_{\underset{\bar{5}}{2}}\,(10\bar{5}),\quad e^5\,e_{\underset{4}{1}}\,(1.4.\overline{20}).$$

CRISTAUX PRÉSENTANT LA FACE :

$$M = 17.11.2 = d^{\bar{\frac{1}{7}}}\,d^1\,b^{\frac{1}{10}} = \left(d^{\bar{\frac{11}{6}}}\right)_{e^1}.$$

N° 6562. Cristal ayant la forme générale de ceux qui nous ont fourni la face S (fig. 5); nous y avons observé des faces M occupant apparemment la même position que les faces Φ. On y a mesuré :

$$Me^{\bar{\frac{7}{5}}}_{101} = 39°46'\ (46'.46.45.46),$$

$$Me^{\bar{\frac{7}{5}}}_{1\bar{1}1} = 29°56'\ (53'.56.57.59),$$

$$Mp_{10\bar{1}} = 63°47'\ (48'.47.47).$$

En partant de ces données, on trouve :

$$\frac{x}{y} = 1{,}5429 \quad \text{et} \quad \frac{z}{y} = 0{,}175.$$

La notation 17.11.2 donne une assez bonne concordance, comme l'indique le tableau suivant dans lequel nous avons aussi inscrit les angles relatifs à Φ :

ANGLES	CALCULÉS		MESURÉS
	pour M	pour Φ	
Avec $44\bar{1}$	29°50'	28°32'	29°56'
» 401	39°24'	41°24'	39°46'
» $10\bar{1}$	63°53'	65°2'	63°47'
Sur p	40°20'	36°10'	40° approx.
M Φ	2°3'		
Avec e^2	21°43'	19°49'	
» L	10°34'	12°25'	

L'angle sur p a été mesuré dans un cristal analogue à celui représenté par la fig. 15, dont il a été question à propos de la face l (page 216). On a aussi constaté la présence de M dans les cristaux présentant la face I (voir page 240). La face M se trouve à l'intersection de la zone $d^1 e^4$ que nous étudions et de la zone $e^2 \, d\overset{4}{\bar{5}} \, \delta$ $(\bar{1}13)$; son pôle se trouve donc déjà dessiné dans la projection stéréographique de M. Des Cloizeaux. Elle se trouve aussi sur les zones suivantes :

$$\alpha \, \overset{3}{\overline{d^2}} \, y \, (\bar{5}.4.7), \quad \overset{5}{\overline{e^2}} \, \Phi \, d^1_{1\bar{1}0}(1.1.\overline{14}), \quad d^2 \, a^2 \, (7.\overline{11}.1), \quad \overset{3}{\overline{d^2}} \, e^1_{\bar{2}2\bar{1}}(\bar{5}.7.4) \, (^1).$$

Formes qui ont une face appartenant à la zone 11.$\overline{19}$.8, déterminée par le clivage p_{111} et la face 16.8.$\overline{3}$ de l'isoscéloèdre L.

CRISTAUX PRÉSENTANT LES FACES :

$$I = 53.37.15 = \overset{1}{\overline{d^2}} \, \overset{1}{d^{\overline{18}}} \, \overset{1}{b^{\overline{35}}} = 21\,p + 2L$$

$$i = 45.29.7 = \overset{1}{\overline{d^2}} \, \overset{1}{d^{\overline{18}}} \, \overset{1}{b^{\overline{27}}} = 13\,p + 2L.$$

Les cristaux dont nous allons nous occuper sont toujours incolores et à faces réfléchissantes. Le cristal N° 3227 sur lequel nous avons pris les premières mesures relatives à la face I, et qui est représenté par la fig. 24, a 5 millimètres de hauteur. Les faces I semblent occuper par rapport à d^2 une position identique à celle occupée par les faces $F = \overset{1}{\overline{d^2}}\,\overset{1}{d^{\overline{7}}}\,\overset{1}{b^{13}}$ décrites précédemment (voir p. 231 et fig. 22); elles s'en distinguent cependant à simple vue parce qu'elles coïncident presque avec d^2 tandis que les faces F se détachent bien de d^2 ($Id^2 = 3''36'$, $Fd^2 = 9''40'$). Les faces I, quoique petites, sont d'une netteté remarquable et ont pu donner lieu, ainsi que L et d^2, à

(^{1}) La face $\overset{m}{b^{\shortmid\shortmid}_L}$ qui se trouve dans ce cristal est probablement $S^{IV} = b^6_L$ (voir pages 195 et 185). On a mesuré approximativement : Angle avec $p = 37°48'$ (47'.50.46) et angle sur $p = 43°8'$ (8'.11.4).

des mesures très précises. Les angles Id^2 et II sur p sont surtout très exacts. On a obtenu :

N° 3227. $Id^2 = 3°35' (37'.34.35.35.34),$

II sur $p = 32°25' (21'.24.25.26.28),$

$p_{111}I = 31°14' (12'.12.19)$ approx.,

$1L_{16.8.\bar{3}} = 32°33' (29'.40.32.38.36.26),$

$L_{8.16.\bar{3}}I = 55°28',$

LL sur $p = 58°31'.$

$Id^2 = 13°34'.$

Dans d'autres cristaux on a obtenu :

$Id^2 = 3°33' (33'.34.33.33.34)$

$L_{16.8\,\bar{3}}I = 32°41' (36'.42.46.39).$

La face I appartient certainement à la zone $11.\overline{19}.8$; comme elle paraît aussi en zone avec d^2_{321} et le clivage $01\bar{1}$, sa notation serait donnée par l'ensemble $(11.\overline{19}.8)(\bar{1}11)$; on obtient :

$$27.19.8 = d^1\, d^{\overline{9}}\, b^{\overline{18}} = L + 11\,p \;(log.\ M = 1{,}4040274);$$

mais la concordance n'est guère satisfaisante, comme on peut le voir dans le tableau qui va suivre. Pour avoir une meilleure concordance, nous avons essayé des pôles voisins du précédent; on voit à l'inspection du tableau que la notation $d^1\, d^{\overline{9}}\, b^{\overline{35}}$ convient fort bien. Cependant, comme il y a une petite divergence entre les résultats du calcul et ceux de la mesure pour les angles avec p et avec $16.8.\bar{3}$, nous avons essayé s'il n'était pas possible de trouver une plus grande concordance, en admettant que la face I ne se trouve pas sur la zone $p_{111}\,L_{16.8.\bar{3}}$.

En partant des trois données :

$$Id^2 = 3°35', \quad II \text{ sur } p = 32°25' \quad 1L_{16.8.\bar{3}} = 32°33',$$

on arrive à : $\dfrac{x}{y} = 1{,}42932$ et $\dfrac{z}{y} = 0{,}396976,$

puis à : $50.35.14 = d^{\overline{2}}\, d^{\overline{17}}\, b^{\overline{35}} \;(log.\ M = 1{,}6688711).$

Cette notation est un peu plus simple que celle que nous avons adoptée; mais, si l'on examine la correspondance, on voit que l'angle avec d^2, qui est le plus exact, diffère de 14' de l'angle mesuré. Comme en outre la face I est certainement sur la zone $p\,L_{16.8.\bar{5}}$ [1], nous avons adopté la notation $I = 53.37.15 = d^1\,\overset{1}{d^9}\,\overset{2}{b^{55}}$.

Voici la correspondance :

ANGLES	CALCULÉS					MESURÉS	
	$d^1\,d^{\frac{1}{9}}\,b^{\frac{1}{18}}$	$d^1\,d^{\frac{1}{9}}\,b^{\frac{3}{55}}$	$d^1\,d^{\frac{1}{9}}\,b^{\frac{2}{55}}$	$d^1\,d^{\frac{1}{9}}\,b^{\frac{1}{17}}$	$d^2\,d^{\frac{1}{7}}b^{\frac{1}{55}}$		
Id^2	3°11',5	3°26',5	3°36'	4°9',5	3°49'	3°35'	3°33'
II sur p	31°43'	32°13'	32°32'	33°22'	32°20'	32°25'	
Ip	30°8'	30 41'	30°58'	31°50'	31°5'5,	31°14' approx.	
$IL_{16.8.\bar{5}}$	33°40'	33°7'	32°50'	31°58'	32°43'	32°33'	32°41'
$II_{8.16.\bar{5}}$	55°34'	55°31'	55°29'	55°24'	55°17',5	55°28'	

Les faces p_{111}, $L_{16.8.\bar{5}}$, $I_{53.57.15}$ et $z_{24.16.5}$ forment une zone [2]. La face I se trouve aussi sur les zones Fd^2 $(\bar{7}85)$ et $d^1_{210}\,d^{\overset{17}{\frac{2}{17.19.13}}}$ $(5.\overline{10}.7)$. La face I est finement striée parallèlement à son intersection avec d^2 (fig. 25); les

---

[1] On a obtenu par la mesure $pI = 31°14'$, $LI = 32°33'$; leur somme est 63°47'; or le calcul donne $pL = 63°48'$.

[2] Voir page 180. Les faces z auraient donc pu aussi être placées dans les faces que nous étudions actuellement avec la notation $z = 8p + L$.

stries s'arrêtent presque toujours à une ligne parallèle à l'arête Ii ou IM. Les faces I sont très inégalement développées ; parfois les faces inférieures se réduisent à des traces ou manquent complètement, comme le montrent les fig. 25 et 26. Les faces I sont très rares ; nous citerons l'échantillon N° 705 présentant un bel ensemble de cristaux Ld^2 incolores et parfaitement réfléchissants, orientés à axes parallèles, et dont l'un répond à la notation $L\, d^2\, Ii d^{\overset{3}{\overline{2}}}$. Ce cristal est représenté par la fig. 26.

Quant à la face i qui est toujours très petite et peu réfléchissante, nous n'avons réussi qu'à obtenir des mesures approximatives en prenant pour mire la flamme d'une bougie très rapprochée. Nous avons obtenu (N° 153) :

$$Ii \quad = 8°33' \ (20'.\ 37.\ 41.\ 30.\ 38)$$
$$iL_{16.8\ 3} = 9°31' \ (33'.\ 38.\ 21)$$
$$iL_{16.8\ \bar{3}} = 24°11' \ (24'.\ 23.\ 9.\ 1)$$
$$iL_{8.16.\bar{3}} = 54°45' \ (48'.\ 44.\ 36.\ 42).$$

La face i semble appartenir à la zone $p_{111}\, L_{16.8.\bar{3}}$ que nous étudions, car elle paraît résulter d'une facette de troncature de l'arête $IL_{16.8.\bar{3}}$; en outre, la somme des angles Ii et $iL_{16.8.\bar{3}}$ relatés ci-dessus est 32°44' ; or, $IL_{16.8.\bar{3}} = 32°50'$. En partant de l'incidence $iL_{16.8\ \bar{3}} = 24°11'$, on trouve $\dfrac{x}{y} = \dfrac{11}{7}$ ou $\dfrac{x}{y} = \dfrac{45}{29}$; la première valeur donne $22.14.3 = d^1\, d^{\overset{1}{\overline{9}}}\, b^{\overset{1}{\overline{13}}}$, face qui se trouve en outre sur la zone Le^2 étudiée précédemment (page 220) ; la seconde valeur donne $45.29.7 = d^{\overset{1}{\overline{2}}}\, d^{\overset{1}{\overline{18}}}\, b^{\overset{1}{\overline{27}}}$. Voici la correspondance :

ANGLES.	CALCULÉS.		MESURÉS.
	$d^1\,d^{\overline{9}}\,b^{\overline{15}}$	$d^{\overline{2}}\,d^{\overline{18}}\,b^{\overline{27}}$	
$I\,i$	$9°43'$	$8°24'$	$8°33'$
$iL_{16.8.3}$	$9°26'$	$9°32',5$	$9°31'$
$iL_{16.8.\overline{3}}$	$23°7'$	$24°26',5$	$24°11'$
$iL_{8.16.\overline{3}}$	$55°2'$	$55°1',5$	$54°45'$

On voit que la seconde notation convient fort bien. On a depuis mesuré, dans d'autres cristaux, $iL_{16\,8\,\overline{3}} = 24°10'$ et $24°35'$.

La face $i = d^{\overline{2}}\,d^{\overline{18}}\,b^{\overline{27}}$ se trouve à l'intersection de la zone que nous étudions et des zones $e^1_{021}\ D_{041}\ e^{\overline{\frac{7}{2}}}$ $(1\overline{3}6)$, $k_{\overline{120}}\ e^{\overline{\frac{11}{6}}}_{0.17.1}$ $(2.1.\overline{17})$. Cette face est fort voisine de $\Phi = 25.17.3$ et de $M = 17.11.2$ étudiées précédemment (voir pages 220 et 233), sans pouvoir être confondue avec elles vu que $MI = 10°39'$, $\Phi I = 13°52'$ et $iI = 8°24'$.

Faces qui dans les cristaux portant la forme I *remplacent* i.

a) Dans le cristal N° 100, nous avons obtenu :

$$i'L_{16\,8.\overline{3}} = 23°10'\ (1'.\,5.\,23.\,4.\,18).$$

Cette incidence paraît accuser dans ce cristal la présence de la face $i' = d^1\, d^{\overline{9}}\, b^{\overline{13}} = L_{\overline{16.8.3}} + 6p$ (voir le tableau précédent); i' est en zone avec deux faces L opposées sur e^2 et peut s'écrire symboliquement $L + 6e^2$ (voir page 221).

b) La face i paraît pouvoir être remplacée aussi par $M = 17.11.2$. En effet, nous avons trouvé dans certains cristaux du type que nous considérons : Angle avec $L_{16.8.3} = 10°29'$ et angle avec $L_{8.16.\overline{3}} = 53°53'$. Ces résultats s'éloignent considérablement des nombres consignés dans le tableau précédent et correspondent fort bien à la face M, vu que $ML_{16.8.3} = 10°34'$ et $ML_{8.16\,\overline{3}} = 53°56',5$. D'ailleurs, bien souvent la face qui occupe la place de i ne paraît pas être, lorsqu'on l'examine à la loupe, rigoureusement en zone avec I et $L_{16.8.\overline{3}}$ (fig. 25); elle paraît constituer un petit triangle très aigu ayant son sommet au point où les lignes Id^2 et Ld^2 se rencontrent et s'élargissant à mesure qu'il s'avance vers le spectateur; or, il est facile de voir ([1]) que cela doit arriver si la face i est remplacée par M.

Cristaux portant la face :

$$v'' = 51.37.8 = d^{\overline{19}}\, d^{\overline{3}}\, b^{\overline{32}}.$$

Sur des cristaux de troisième formation, analogues à

([1]) Par le calcul, ou par l'inspection de la projection stéréographique, on voit que le pôle M est situé a gauche du cercle de zone $pIzi$ que nous examinons. Le parallèle sur lequel se trouve le pôle M coupera donc le cercle de zone dont il s'agit en un point M', situé à droite de M, qui est le pôle d'une face qui donnerait avec I et $L_{16.8.\overline{3}}$ des intersections parallèles. Si l'on fait venir M' en M, ce qui exige une rotation vers la gauche autour de la verticale, on voit que la partie de la face M' la plus voisine du spectateur tend à s'enfoncer dans le cristal et, par conséquent, les droites d'intersection avec I et $L_{16.8\,\overline{3}}$ divergent dans le sens indiqué dans le texte. En partant de $MI = 10°39'$, $II_{16.8.\overline{3}} = 32°30'$, $ML_{16.8.\overline{3}} = 22°16',5$, on trouve que les droites dont il s'agit font entre elles une angle de $9°2'$.

ceux qui présentent la face .v (page 228), nous avons rencontré une face $v'' = 51.37.8$ très voisine de v ainsi que de la face v' étudiée plus loin (voir page 298). Cette face a été observée dans des cristaux de trois types différents.

1°. N° 7281. $d^2 e^2 e^{\overline{\frac{19}{9}}} e^3 v''$.

Fragment de cristal presque noir (fig. 27). On y a mesuré :

$$v'' d^2 = 11°18' (25'.\,32.\,17.\,6.\,10), \quad v''p = 37°44' (47'.\,41),$$
$$v'' e^3 = 15°37' (36'.\,38).$$

On en tire $\dfrac{x}{y} = 1,3818$ et $\dfrac{z}{y} = 0,2159$. Pour vérifier si les angles étaient concordants, nous sommes parti des caractéristiques compliquées données par les calcul et nous sommes parvenu à 11°27′, 37°46′ et 15°44′ (log. $M = 1,7325378$) pour les angles cités plus haut.

2°. N° 1052. $e^3 v'' d^2 e^2$ terminant un isoscéloèdre L. Dans ce cristal, les faces v'' sont bien caractérisées mais assez ternes (fig. 28); elles paraissent en zone avec e^3_{441} et $e^3_{40\overline{1}}$ (zone $1\overline{2}4$), mais, d'après les mesures, ceci n'est qu'approximatif. On y a mesuré :

$$e^3 e^2 \qquad = 14°21' (19'.\,23.\,24.\,18.\,21)$$
$$e^3 v'' \qquad = 15°18' (16'.\,19.\,16.\,17.\,24)$$
$$v'' v'' \text{ sur } p = 29°33' (41'.\,52.\,21.\,17)$$
$$v'' e^2 \qquad = 19° (\overline{6}'.\,0.\,5).$$

Voici d'autres mesures moins sûres :

$$v'' v'' \text{ sur } p = 30°18' (20'.\,17')$$
$$v'' e^2 \qquad = 18°29' (18'.\,47.\,23).$$

3°. Géode contenant de petits cristaux prismatiques, incolores ou légèrement colorés, de notation $e^2 e^3 d^2 v'' b^x$ (fig. 29). Mesures approximatives :

6

$$v''d^2 = 11°39' \ (24'.\ 37.\ 38.\ 43.\ 55)$$

$$v''p = 37°27' \ (30'.\ 27.\ 24)$$

$$v''e^3 = 15°54' \ (40'.\ 31.\ 64.\ 81).$$

La notation donnée par le calcul est $51.37.8 = d^{\overline{19}}d^{\overline{5}}\,b^{\overline{32}}$. Si on la rapporte aux arêtes de l'isoscéloèdre L, elle devient $d^{\overline{63}}d^{\overline{23}}b^{24}_{L}$; on voit que les deux dernières caractéristiques sont à peu près égales, c'est-à-dire qu'elle est approximativement de la forme $\left(e_{\frac{m}{n}}\right)_{L}$. [1] Ceci nous a conduit à essayer les notations suivantes :

$$\left(\frac{e_8}{5}\right)_{L} = 19.14.3 = d^{\overline{7}}\,d^{\overline{2}}\,b^{\overline{12}} \quad (\log M = 1{,}2387406)$$

$$\left(\frac{e_{14}}{5}\right)_{L} = 44.32.7 = d^{\overline{19}}d^{\overline{13}}b^{\overline{83}} \quad (\log M = 1{,}6023793)$$

$$(e_3)_{L} = 56.40.9 = d^{\overline{24}}\,d^{\overline{8}}\,b^{\overline{35}} \quad (\log M = 1{,}7057458).$$

La première, qui est la plus simple, indiquerait une face située sur plusieurs zones connues et entre autres sur $d^1\,\Phi e^{\overline{\frac{7}{2}}}\,d^{\overline{\frac{5}{2}}}_{573}\,e^{\overline{\frac{4}{5}}}_{032}$ ($1\overline{2}3$); la concordance n'est pas suffisamment satisfaisante. La troisième notation donne des résultats trop divergents. La deuxième donne, au contraire, une bonne concordance; mais, vu la complication de la notation correspondante relative au rhomboèdre de clivage, nous avons préféré adopter la notation :

$$v'' = d^{\overline{19}}d^{\overline{5}}\,b^{\overline{32}}.$$

La face v'' est située à l'intersection des zones $e^{\overline{\frac{7}{4}}}\,d^{1}_{\underset{110}{}}$ ($1.1.\overline{11}$) et $d^2\,e^{\overline{\frac{4}{5}}}_{332}$ ($\overline{7}93$).

---

[1] Voir ce qui a été dit sur ces faces, à propos de la face Ψ, pages 213 et 214.

Voici la correspondance :

ANGLES.	CALCULÉS.					MESURÉS.	
	51.37.8	19.14.3	44.32.7	56.40.9	$v = 861$		
Avec d^2	11°27′	11°39′	11°22′	11°	13°54′	11°18′	11°39′
» p	37°42′	37°28′	37°33′	37°40′	39°12′	37°44′	37°27′
» e^3	15°37′	14°57′	15°28′	16°12′	14°59′	15°37′	15°18′
Sur p	30°19′,5	28°56′,5	30°6′	31°40′	27°31′	29°33′	30°18′
Avec c^2_{110}	18°20′,5	17°47′	18°19′	19°4′	16°	19°	18°29′

Cristaux présentant la face :

$$A = 22.2.21 = d^{\overline{\frac{1}{13}}} d^{\overline{\frac{1}{15}}} b^{\overline{\frac{1}{7}}}.$$

Nous avons décrit dans notre premier mémoire (page 16, fig. 8), un scalénoèdre $A = d^{\overline{\frac{1}{57}}} d^{\overline{\frac{1}{43}}} b^{\overline{\frac{1}{20}}}$ ayant pour troncature de son arête placée sur e^1 la face $e^{\overline{\frac{1}{2}}}$. Des mesures prises sur des cristaux à faces plus nettes, rencontrés depuis, nous ont amené à simplifier ainsi sa notation :

$$A = 22.2.21 = d^{\overline{\frac{1}{13}}} d^{\overline{\frac{1}{15}}} b^{\overline{\frac{1}{7}}}.$$

Voici la correspondance :

ANGLES.	CALCULÉS.	MESURÉS.	
AA sur e^1	$6°38'$	$7°$	
AA sur p	$70°39'$	$71°14'$ approx.	Anciennes mesures.
$A\,p_{0\bar{1}1}$	$44°12'$	$44°20'$	
$A\,d^2$	$38°19'$	$38°19'$	Nouvelles mesures.
$A\,p_{111}$	$38°4'$	$38°19'$	

La face A est située à l'intersection des zones :

$$d^1_{120}\, e^{\frac{1}{2}}_{101}\ (\bar{2}12), \quad \alpha_{843}\, \Phi_{25\,17\,3}\ (\overline{13}.17.12) \quad \text{et} \quad d^1_{\bar{1}10}\, a^5\ (77\bar{8})\ (^1).$$

On peut obtenir la notation de A par rapport à $e^{\frac{1}{2}}$ prise
comme forme primitive soit en se servant de la notation
de la forme inverse (premier Mémoire, page 17), soit en
se basant sur la propriété exposée page 174. Si les trois
faces 101, 011 et $11\bar{1}$ du rhomboèdre $e^{\frac{1}{2}}$ sont prises pour
plans coordonnés et si x, y et z sont les caractéristiques
de A rapportée aux nouveaux axes (deux arêtes d et une
arête b de $e^{\frac{1}{2}}$), on a :

(¹) A donne donc, par troncature de ses arêtes culminantes, les rhomboèdres a^5 et $e^{\frac{1}{2}}$.

$$x\,(101) + y\,(011) + z\,(11\overline{1}) = 22.2.21.$$

On en tire :

$$x = 21, \quad y = 1, \quad z = 1,$$

de sorte que

$$A = \left(d^{\overline{\frac{1}{21}}}d^{\text{\tiny 1}}b^{\text{\tiny 1}}\right)_{\frac{1}{c^2}} = (e_{21})_{\frac{1}{c^2}}.$$

Cristaux présentant quelques combinaisons remarquables.

N° 5. $Ld^2d^{\text{\tiny 1}}$. Les faces du prisme sont peu développées.

N° 193. Ld^2e^2 (fig. 29bis). Cristaux atteignant quelquefois de grandes dimensions.

N° 7. $Ld^{\text{\tiny 1}}e^2d^2$ (fig. 30). Cristal ayant environ 35 millimètres de hauteur. Cette combinaison n'a été observée qu'une seule fois.

N° 1050. $Lb^{\text{\tiny 1}}$. Les faces $b^{\text{\tiny 1}}$ sont ternes et pourraient bien n'être que des plans de strie (voir page 259).

N° 820. $Lpe^{\overline{\frac{1}{2}}}a^{\text{\tiny 1}}$. Grand cristal très irrégulier (fig. 31); il n'y a qu'une face p et une face $e^{\overline{\frac{1}{2}}}$; la face $a^{\text{\tiny 1}}$ est largement développée. Une des faces p est remplacée par un petit biseau d^2.

N° 1030, 826, 282. $Lpa^{\text{\tiny 1}}b^{\text{\tiny 1}}$ (fig. 32). Cristaux habituellement incolores et de petites dimensions; ordinairement il n'y a qu'une face $b^{\text{\tiny 1}}$; le cristal N° 1030 est le seul dans lequel les faces $b^{\text{\tiny 1}}$ sont largement et également développées.

N° 7002. $pd^2La^{\text{\tiny 1}}d^{\text{\tiny 1}}e^2e^3$....

Les faces L y sont striées comme dans les cristaux portant la face d (voir page 200); les deux prismes sont faiblement développés.

N° 458. $Ld^{\overline{\frac{3}{2}}}d^1$.

Le prisme est à l'état rudimentaire. Mesuré :

$$d^{\overline{\frac{3}{2}}}d^{\overline{\frac{3}{2}}} \text{ sur } p = 45°33', \quad Ld^{\overline{\frac{3}{2}}} = 6°45' \text{ approxim.}$$

N° 6033. $d^2e^2e^3L\Phi p$.

Petit cristal net, incolore. C'est la combinaison représentée par la fig. 17, avec les faces du primitif en plus.

N° 365. $Ld^2e^2e^5$ (fig. 33). Cristaux souvent fort nets. Ils prennent quelquefois des dimensions considérables.

N° 203. Lpe^1. La face e^1 est très petite.

N° 2000. $La^1pe^1\omega$.

Petit cristal transparent et incolore. Les faces d^2 et e^1 sont parfaitement réfléchissantes, mais L donne des images un peu confuses. Correspondance :

ANGLES	CALCULÉS	MESURÉS
$e^1 p_{10\overline{1}}$	72°16'	72°19'
$L e^1$	31°38'	31°20' approx.

Une petite face ω coupe e^1 suivant la ligne de pente de cette dernière; elle provient donc d'un biseau placé sur les arêtes courtes du métastatique et elle est de la forme $\left(\frac{e_m}{n}\right)_{e^1}$. A l'aide de la flamme d'une bougie on obtient $e^1\omega = 13°25'$; la face considérée paraît intermédiaire entre $\rho = 7.2.3 = d^{\overline{\frac{1}{2}}}d^{\overline{\frac{1}{4}}}b^{\overline{\frac{1}{3}}} = (e_6)_{e^1}$ et $\omega = 16.4.7 = d^{\overline{\frac{1}{5}}}d^{\overline{\frac{1}{9}}}b^{\overline{\frac{1}{7}}} = (e_7)_{e^1}$, mais se rapproche un peu mieux de cette dernière.

N° 2001. $La^{1}pe^{1}\omega d^{2}$.

Ce cristal est tout à fait semblable au précédent; il présente en outre quelques faces d^{2} (fig. 34) qui ont permis de vérifier que ω, e^{1} et d^{2} sont en zone.

N° 182. $L\overline{d^{2}}^{3}pd^{2}a^{1}e^{1}$.

Grand cristal limpide, remarquable par la netteté de la terminaison $pa^{1}e^{1}$. Mesuré : $e^{1}e^{1} = 101°12'$, $pd^{2} = 29°6'$, $p\overline{d^{2}}^{3} = 37°34'$, $L\overline{d^{2}}^{3} = 6°30'$. Il existe en outre sur les arêtes B de l'isoscéloèdre un biseau indéterminable se rapportant probablement à l (voir page 215).

N° 500. $pe^{3}e^{2}d^{2}\overline{d^{3}}^{5}\overline{d^{2}}^{3}d^{x}$.

Rhomboèdres primitifs à faces bien miroitantes. Le N° 500 a 5 millimètres d'arête. Ces rhomboèdres portent de petites faces modifiantes sur les arêtes d et sur les angles e; le scalénoèdre désigné par d^{c} forme des stries parallèles à d sur les faces p; une mesure approximative a donné $pd^{c} — 13°$, ce qui paraît accuser dans ce cristal la présence d'un scalénoèdre d^{c} intermédiaire entre d^{1} et d^{5}. Ce cristal porte en outre de très petites faces courbes, indéterminables, placées entre e^{2} et la série $\overline{d^{n}}^{n}$.

Assemblages à axes parallèles.

La formation de Rhisnes est caractérisée par l'abondance des groupements à axes parallèles. Il ne s'agit pas ici des groupements, si connus dans beaucoup de minéraux, formés de cristaux déposés simultanément et ayant même notation, mais bien de l'assemblage de cristaux formés à des époques différentes et qui souvent ont des notations différentes; le nouveau cristal est venu se déposer sur le cristal préexistant en s'orientant parallèlement à ce dernier. C'est ordinairement sur le sommet culminant de l'ancien cristal que le nouveau est venu se déposer; quelquefois les deux cristaux sont accolés latéralement ([1]). Il faut distinguer les assemblages dont les cristaux constituants ont été déposés à deux époques différentes et les assemblages dont les éléments ont été formés pendant trois époques successives.

ASSEMBLAGE D'UN ISOSCÉLOÈDRE ET D'UN SCALÉNOÈDRE.

Dans tous ces assemblages, le cristal le plus ancien, qui sert de base, est l'isoscéloèdre L plus ou moins modifié; le cristal de seconde formation, qui est venu se placer sur le sommet culminant de L, est le scalénoèdre d^2 plus ou moins modifié par c^2, e^5, L, Φ. Le cristal de base est incolore ou légèrement coloré; le cristal de seconde formation est ordinairement de couleur foncée ([2]). Quelquefois les cristaux qui forment l'assemblage

---

([1]) Quant aux dépôts qui sont venus englober totalement ou presque totalement l'isoscéloèdre primitif et qui ont donné naissance à tous les cristaux présentant les faces S, $d^{\frac{3}{2}}$, ϕ, etc., voir page 260.

([2]) Le cristal scalénoédrique de terminaison parait, à première vue, coloré dans toute sa masse; mais, lorsqu'on l'examine attentivement en le plaçant entre l'œil et une vive lumière, on s'aperçoit que la partie supérieure en est translucide et peu colorée; le dépôt de couleur foncée se trouve vers sa base, là où il est en contact avec l'isoscéloèdre sous-jacent. On est d'abord tenté d'admettre qu'à une première époque les isoscéloèdres L se sont formés, qu'à une autre époque ces cristaux se sont trouvés baignés par un liquide tenant des particules solides en suspension, particules qui sont venues se déposer sur les isoscéloèdres et qu'enfin plus tard le cristal scalénoédrique a pris naissance. Mais quelle est la force qui a déterminé le dépôt des particules solides sur les angles culminants des isoscéloèdres? Ce n'est pas évidemment la gravité car, si l'on examine certaines géodes (N° 51), on y aperçoit une série d'assemblages, à terminaison de couleur foncée, ayant des orientations absolument différentes. D'autre côté, il serait impossible d'admettre

ne sont pas en contact immédiat et l'on aperçoit dans les interstices un dépôt argileux. Nous avons déjà décrit et figuré (fig. 6$_2$), dans notre premier mémoire, un de ces assemblages. Nous citerons ici les groupes suivants :

N° 1427. Assemblage ayant 40 millimètres de hauteur. L surmonté par $d^2 e^2 e^5$.

N° 330. Assemblage ayant 14 millimètres de hauteur. L terminé par $Ld^2 e^2$; la terminaison est d'une grande netteté.

N° 400. Assemblage ayant 25 millimètres de hauteur. LS^rc terminé par $d^2 Le^2 e^5$; entre les deux cristaux se trouve un isoscéloèdre L incolore portant des traces de la troncature e^5.

TRIPLE ASSEMBLAGE DE RHISNES.

La fig. 35 montre le triple assemblage caractéristique du gisement de Rhisnes. Le groupe N° 446 que nous avons reproduit a environ 50 millimètres de hauteur, la terminaison ayant 15 millimètres. Il est formé de trois cristaux de même orientation:

qu'une solution assez agitée pour tenir en suspension des particules solides, puisse donner naissance à des cristaux dont l'orientation est si bien déterminée. On est, par ces observations, conduit à supposer que ce n'est pas une solution proprement dite mais une boue plus ou moins fluide qui a donné naissance aux cristaux scalénoédriques. Pendant la formation de ces cristaux, les particules solides ont subi un mouvement de concentration vers l'extrémité de l'isoscéloèdre, qui paraît donc avoir non seulement une activité orientatrice vis-à-vis des molécules semblables à celles qui le constituent, mais aussi une action attractive envers les particules solides pouvant se mouvoir grâce à la fluidité du milieu dans lequel elles nagent. Dans l'échantillon N° 491 on aperçoit un petit isoscéloèdre dont les deux extrémités libres ont attiré, chacune de son côté, un petit scalénoèdre. On est tenté de comparer l'action de l'isoscéloèdre à celle d'un aimant dont les pôles se trouveraient en ses sommets culminants.

a) Isoscéloèdre incolore et net, légèrement modifié par d^2 et par des traces de biseau $B^{\overset{m}{n}}_{L}$.

b) Au-dessus est venu se déposer un cristal scalénoèdrique, presque noir, de notation $d^2\,Le^2\,e^5$.

c) Enfin, autour du cristal scalénoédrique est venu se former un cristal prismatique, qui a ici pour notation $e^2\,d^2\,p$, mais qui, lorsqu'il est net, présente la combinaison $e^2\,e^5\,d^2\,e^1\,p$ (et quelquefois $b^{\overset{7}{\overline{3}}}$). Dans l'assemblage N° 446, le cristal prismatique n'embrasse que la moitié du cristal scalénoédrique; mais souvent le prisme entoure presque complètement le scalénoèdre : assez souvent aussi ce dernier est intérieur au prisme et n'est plus visible au travers de celui-ci que grâce à un enduit de couleur foncée qui est venu se déposer sur la partie culminante du scalénoèdre, pendant la formation du cristal prismatique. Il est très rare qu'on ne parvienne pas à distinguer le scalénoèdre entre l'isoscéloèdre et le prisme. On peut dire, pour résumer, que, dans ces assemblages, la première époque est représentée par l'isoscéloèdre, la deuxième par le scalénoèdre, la troisième par le prisme ([1]).

Les lignes d'intersection du cristal scalénoédrique avec l'isoscéloèdre n'existent pas dans l'assemblage figuré ici; les deux cristaux sont un peu éloignés l'un de l'autre, par un dépôt argileux, en leur zone de contact; mais assez souvent ces lignes sont nettement dessinées (voir, par exemple, l'assemblage représenté par la fig. 6_2 du premier mémoire).

Appendice. — On remarque quelquefois dans les grands cristaux de Rhisnes un angle rentrant placé entre deux

---

[1] Nous avons parlé dans notre 1er Mémoire (page 44) des assemblages, trouvés par M. Max. Lohest à Angleur, formés de prismes traversés par des scalénoèdres; on voit que l'ordre de formation est le même.

facettes triangulaires situées vers leur milieu. Dans les cristaux qui suivent, nous avons pu voir que la facette supérieure est e^2, tandis que l'inférieure est une face e^5 appartenant à un autre cristal joint vers le bas au premier et orienté comme lui.

N° 175. $Lpd^2 a^1 \Phi e^2$... joint à axes parallèles à $L\Phi e^5 d^2$... (fig. 36). On voit en ab l'arête du petit angle rentrant; les facettes e^5 et e^2, quoique nettes, sont ternes; on n'a pu mesurer qu'approximativement $e^2 p = 46°$ environ et $e^5 p_{011} = 79°$ à 80° (calculé 80°28',5). La face e^5 appartient au cristal inférieur dont on voit à droite une face L soudée à la face L du cristal principal suivant une ligne portant des hachures. Le cristal inférieur porte des faces Φ très étendues reconnaissables à ce qu'elles sont en coïncidence avec les facettes Φ du cristal principal.

N° 70. Grand assemblage ayant plus de 65 millimètres de hauteur. Il présente aussi le petit angle rentrant $e^2 e^5$. On y distingue principalement 9 cristaux :

1° Ld^2. Grand cristal incolore.

2° Lp. Cristal incolore surmontant le premier.

3° $Ld^2 e^2$ avec traces de Φ. Coloré en noir. Placé latéralement aux deux précédents.

4° Φe^5. Noir. Placé en dessous du précédent. C'est entre les cristaux 3° et 4° que se trouve le petit angle rentrant dont il s'agit.

5° $d^2 e^2$. Vient se souder latéralement aux deux précédents.

6° $e^2 d^2 e^5 b^r$. Noir. Situé au-dessus du cristal 3° et en partie sur le cristal 2°; il surmonte tout l'assemblage.

7° $e^2 d^2 e^5 e^1 b^r$. Situé à la base, au contact du cristal 1°.

8° $e^2 d^2 e^5 c^1 b^r$. Situé à la base et terminant vers le bas le cristal 4°. Les faces du cristal 8° sont singulièrement allongées et comme étirées de façon à envelopper une partie de l'assemblage comme d'une mince ceinture.

9° d^2e^2.... Situé entre 7° et 8° et venant se souder latéralement à 3° et 4°.

Dans cet assemblage, on a pu confirmer la notation de la facette inférieure de l'angle rentrant, par son miroitement simultané avec la face e^5 du cristal 8°.

Cristaux hémitropes.

Le plan d'hémitropie est a^1, e^2, e^1 ou b^1; ces deux derniers modes sont très rares.

PLAN D'HÉMITROPIE a^1.

Hémitropie simple. — Lors de notre premier mémoire nous n'avions trouvé que quelques isocéloèdres présentant ce genre d'hémitropie; depuis lors, nous en avons retrouvé d'assez nombreux échantillons. Il ne suffit pas, pour en conclure l'hémitropie, de constater l'existence d'une ligne de soudure qui se trouve placée vers le milieu du cristal parallèlement à l'hexagone médian; ce caractère est commun à beaucoup de cristaux non hémitropes; il faut, ou bien recourir à l'observation des clivages, qui sont symétriques par rapport à a^1 dans les cristaux hémitropes, ou bien examiner la position des faces d^2 ou autres que le cristal porte presque toujours à l'état rudimentaire. Ainsi, on peut presque toujours reconnaître l'hémitropie à ce fait que les arêtes b de l'isocéloèdre portent les indices d'une troncature e^5 ou d'un biseau arrondi, tandis que les arêtes B sont plus nettes; dans les cristaux non hémitropes, on verra donc concourir en un sommet e deux arêtes culminantes inégalement nettes : le fait contraire accuse l'hémitropie. Ce genre d'hémitropie a été observé dans beaucoup de combinaisons; citons :

N° 658. Lp. Beau cristal complet ayant 50 millimètres de hauteur.

N° 700. $Le^2 d^2 e^3$ (fig. 37).

N° 441. $Ld^2 d^{\overline{\frac{3}{2}}}$ (fig. 38). Dans cet assemblage, le plan d'hémitropie est situé bien au-dessus de l'hexagone médian.

Double hémitropie. — N° 457. $Ld^{\overline{\frac{3}{2}}} e^2 e^3 d^2 d^1$ (fig. 39). Assemblage de trois cristaux.

1 est hémitrope de 2 comme on le voit à la position des faces d^2 inférieures portées par 2.

1 est en position normale par rapport à 3, comme l'indique la position des facettes d^2 de ce dernier cristal, etc. Ainsi 2 est hémitrope de 1 et de 3 par rapport à a^1 ([1]).

Un grand nombre d'isoscéloèdres portent une suture médiane et paraissent hémitropes, quoique la position des clivages indique qu'il n'y a pas transposition; le cristal que nous venons de décrire accuse probablement l'arrangement de ces cristaux non hémitropes. La ligne de suture représente la partie médiane de l'assemblage précédent devenue très mince. Il se peut que cette partie médiane représente la partie primordiale du cristal; de part et d'autre les molécules cristallines sont venues se placer symétriquement, par rapport à a^1, des molécules de cette première partie; d'où la double hémitropie. Dans un grand cristal (N° 331) $Ld^2 e^2$ non hémitrope, quoique possédant vers le milieu une ligne de suture, on voit, par l'examen à la loupe, qu'en réalité il y a deux lignes de suture parallèles, nettement distinctes, dis-

____
([1]) Les plans de séparation sont dessinés en ponctué.

tantes entre elles d'environ $\frac{1}{3}$ de millimètre. Ceci confirme l'explication que nous venons de donner plus haut.

Plan d'hémitropie e^2.

N° 130. Groupe de deux cristaux Ld^2 d'une grande pureté, à faces nettement réfléchissantes, ayant environ 5 millimètres de hauteur (fig. 40). Deux faces L sont en parfaite coïncidence et il n'y a pas de ligne de soudure apparente. L'angle des faces d^2 antérieures est de 20°17' (calculé : 20°20').

N° 327. Lp hémitrope par rapport à e^2.

Plans d'hémitropie a^1 et e^2.

N° 500. La figure 41 montre un isoscéloèdre dans lequel les deux genres d'hémitropie étudiés précédemment se trouvent combinés. La position du clivage 1 par rapport aux faces p supérieures indique que le cristal inférieur de gauche est hémitrope, par rapport à a^1, du cristal supérieur. La position du clivage 2 indique, au contraire, que le cristal inférieur de droite est en position normale par rapport au cristal supérieur. Les deux cristaux inférieurs sont donc hémitropes par rapport à e^2. Les faces L' et L'' sont nettement dans un même plan ; vers le haut de cette face commune, la ligne de soudure est à peine visible.

N° 62. Assemblage hémitrope par rapport à e^2 de deux cristaux dont chacun est hémitrope par rapport à a^1. La fig. 42 représente cet assemblage. L'un des cristaux a pour notation $Le^2\,\Phi d^2$, l'autre est un isoscéloèdre à peu près simple.

Plan d'hémitropie e^1.

Nous avons décrit dans notre premier Mémoire (page 13, fig. 7) un groupe de deux isoscéloèdres placés dans une position approximativement hémitrope par rapport à e^1. D'après des mesures prises par Sella (*Studii sulla Mineralogia Sarda.* Torino, 1856), cette mâcle devrait plutôt, dans les cristaux de Traversella, être considérée comme ayant lieu par rotation autour d'un axe perpendiculaire à a^1; c'est cette face qui serait réellement commune aux deux cristaux ([1]). Nous avons voulu vérifier

[1] Nous avons fait observer (*Bull.* n° 7, 1886. *Société française de Minéral.*), que toute hémitropie de la calcite peut s'expliquer de deux façons différentes à cause de $s = \dfrac{3}{4} \cdot \dfrac{a^2}{c^2} = 1,02764$ très proche de l'unité et que, si le plan d'hémitropie est a^m, l'autre plan commun est $c^{\frac{m+5}{2m+1}}$, tandis que si le plan d'hémitropie est c^m, le plan correspondant sera $c^{\frac{5-m}{2m-1}}$, $a^{\frac{5-m}{2m-1}}$ ou $c^{\frac{m-5}{2m-1}}$ suivant que $m \leqq \dfrac{1}{2}$, $\dfrac{1}{2} \leqq m \leqq 5$ ou $m \geqq 5$. Ajoutons ici que l'angle φ des axes des deux cristaux est donné par les formules suivantes : $tg. \dfrac{\varphi}{2} = \pm \dfrac{m-1}{(m+2)\sqrt{s}}$ (1) (si le plan d'hémitropie est a^m) et $tg. \dfrac{\varphi}{2} = \pm \dfrac{(m-2)\sqrt{s}}{m+1}$ (2) (si le plan d'hémitropie est c^n). A l'aide de ces formules, on trouve que si, au lieu de a^m, c'était le plan correspondant $c^{\frac{m+5}{2n+1}}$ qui était en parfaite coïncidence, l'angle des axes, au lieu d'être exprimé par la formule (1) serait donné par $tg. \dfrac{\varphi^1}{2} = \pm \dfrac{(m-1)\sqrt{s}}{m+2}$ (3); de même si, au lieu de c^m, c'est le plan correspondant qui est en coïncidence, l'angle des axes serait donné par $tg. \dfrac{\varphi^1}{2} = \pm \dfrac{m-2}{(m+1)\sqrt{s}}$ (4). On voit que, pour $s=1$, les formules (1) et (2) deviennent identiques respectivement à (3) et (4). Ainsi, pour $m=4$, le plan correspondant de a^1 est e^1. L'angle des axes, pour $s=1$, serait donné par $tg. \varphi = \dfrac{1}{2}$ ($\varphi = 53°7'48''$) : en supposant $s = 1,02764$, on trouve : $\varphi = 52°30'28''$ et $\varphi^1 = 53°45'27''$.

par des mesures prises sur un solide de clivage maclé, tiré hors d'un cristal très pur (N° 601), si la même chose se présentait à Rhisnes. On a mesuré les angles que la face p de l'un des rhomboèdres fait avec les trois faces de l'autre. Nous affectons de l'indice p les faces du premier cristal et de l'indice π celles du second; le plan e^1 commun étant placé de profil devant le spectateur, nous supposons le premier rhomboèdre à gauche, le second à droite. On a obtenu, π étant la face qui forme avec p l'angle rentrant :

$$p\pi \ \ = 35°42' \ (42'.\,42.\,42)$$
$$p\pi' = 49°27' \ (28'.\,27.\,27)$$
$$p\pi'' = 49°31' \ (30'.\,32.\,32).$$

On calcule facilement ces angles à l'aide de la fig. 43, qui est la projection stéréographique de l'assemblage sur le plan d^1 commun aux deux cristaux.

Supposons d'abord que les cristaux aient la face a^1 commune. Le triangle $p\pi\pi'$ donne :

$$cos\ x + cos\ \alpha = 2\ cos\ \beta\ cos\ \gamma.$$

Or :

$$\alpha = 74°55',\ \beta = a^1_{112}\,p_{0\bar{1}1} = 61°6'32'',\ \gamma = pa^1 = 18°21'20''.$$

On en déduit :

$$x = 48°56'8''.$$

Supposons en second lieu que le plan d'hémitropie soit e^1; dans ce cas, $e^1_\pi\,d^1\,e^1_p$ est une ligne droite ('); en prolongeant pd^1 jusqu'en m on obtient le symétrique de π par rapport à $e^1_\pi\,d^1\,e^1_p$.

---

(1) Dans ce cas, les pôles a^4 ne coïncident plus. La projection a été dessinée en faisant $s = 1$; dans cette hypothèse, les pôles a^4 coïncident et la ligne $e^1_\pi\,d^1\,e_p$ est droite.

Le triangle $\pi\pi'm$ donne :

$$\cos x' + \cos x = 2 \cos \beta' \cos \gamma'.$$

Or :

$$\beta' = (0\overline{1}1)(22\overline{1}) = 129°25'28'', \quad \gamma' = (111)(22\overline{1}) = 72°16'9'';$$

d'où :

$$x = 180° - x' = 49°40'54''.$$

L'angle des axes est, dans le premier cas :

$$\varphi = 2\,(a^1\,a^1) = 52°30'28''$$

et dans le second cas,

$$\varphi\,(^1) = 2\,(a^1_p\,e^1_p - 90°) = 53°45'27''.$$

Voici le tableau de comparaison :

ANGLES	CALCULÉS (²).		MESURÉS
	Plan d'hém. e^1	Plan d'hém. a^1	
$p\,\pi$	35°27'44''	36°42'40''	35°42'
$p\,\pi^1$	49°40'54''	48°56'8''	49°27'
$p\,\pi''$	49°40'54''	48°56'8''	49°31'
φ	53°45'27''	52°30'28''	53°32'(déduit de la 1re mes^{re}).

On voit que dans les cristaux de Rhisnes le plan commun est e^1.

(¹) $a^1_p\,e^1_p = 116°52'43''$.

(²) Dans le cas de $s = 1$, on a : $\cot.\,\gamma = 3$, $\cos\,(p\,\pi^1) = 0,65$, $tg.\,(p\,\pi) = 0,75$, $\cos\,\varphi = 0,6$, $p\,\pi = 36°52'12''$, $p\,\pi^1 = 49°27'30''$, $\varphi = 53°7'48''$.

N° 6899. $d^2\, d^{\overline{2}}^{3}\, e^3\, e^{\overline{3}}^{7}\, e^2\, e^{\overline{2}}^{1}$ hémitrope par rapport à e^1.

Les deux faces e^2 antérieures (110) sont en zone avec d^2 (231) du cristal de gauche; il s'ensuit que le plan d'hémitropie appartient à la zone $1\overline{1}2$. On voit par la correspondance suivante que ce plan est $e^1 = 0\overline{2}\overline{1}$.

ANGLES	CALCULÉS	MESURÉS
$e^2\ c^2$ hém. (110, 110).	52°58'	52°58'
$d^2\ d^2$ hém. (321, 321).	37°13',5	37°38'
$e^2\ e^{\overline{3}}^{7}$	5°47'	5°52'
$d^{\overline{2}}^{3}\ d^2$	8°52',5	8°58'
$d^2\ c^2$ (321, 100).	45°6'	45°25'

Plan d'hémitropie b^1.

Ce genre d'hémitropie, très commun dans le second gisement (voir page 309), n'a été rencontré ici que dans un seul cas (N° 700) au milieu de nombreux cristaux hémitropes par rapport à a^1. Les cristaux ont pour notation d^2pa^1. Cet assemblage a un aspect curieux à cause du développement anormal de deux faces p et de deux faces d^2 en zone avec ces dernières : les cristaux ont l'aspect de deux prismes à sommet trièdre, dont l'arête verticale serait l'arête b, intersection des deux faces p qui ont pris un développement prépondérant.

Direction du plan de strie.

Dans notre premier Mémoire (page 10 et fig. 2) nous avons décrit les stries dont les cristaux de Rhisnes sont sillonnés; d'après le quasi-parallélisme des intersections du plan de strie et de deux faces p avec deux faces L, nous avions conclu que le plan de strie était parallèle à $e^{\frac{1}{8}}$. Depuis, pour des raisons exposées dans un article publié par la *Société française de Minéralogie* [1], nous avons été amené à admettre que le plan de strie est parallèle à b^1.

Ajoutons ici que dans un rhomboèdre de clivage (N° 358), tiré d'un isoscéloèdre à stries très profondes, rhomboèdre dont les faces portent nettement dessinées les traces des plans de strie, nous sommes parvenu à obtenir par la percussion la face b^1 parfaitement miroitante.

ANGLES	CALCULÉS	MESURÉS
$p_{0\bar{1}1}\ b_{\overline{112}}^{\ 1}$	$37°27',5$	$37°34'$
$p_{111}\ b_{\overline{112}}^{\ 1}$	$70°52'$	$70°49'$

[1] *Sur la direction du plan de strie dans les isoscéloèdres de calcite de Rhisnes* (1887. Bull. n° 1, Tome XI).

Loi d'après laquelle les dépôts cristallins s'effectuent autour d'un cristal préexistant.

En général, lorsqu'un cristal est placé au sein d'une solution de la substance dont il est composé, l'accroissement se fait parallèlement à ses faces ; c'est ainsi que pendant un certain temps les petits isoscéloèdres se sont accrus et l'on trouve des cristaux dans lesquels on peut apercevoir les zones successives d'accroissement parallèle. Mais, à une autre époque, ces cristaux se sont trouvés au sein d'un milieu ayant une tendance à faire disparaître les faces de l'isoscéloèdre L en les remplaçant par des faces qui, en général, paraissent être des troncatures des arêtes existant dans le cristal primitif ([1]). En effet, lorsque cette transformation est arrivée à son terme, la plupart des cristaux formés ont pour forme fondamentale $d^{\frac{3}{2}}$, qui provient d'un biseau b'_L placé sur les arêtes b de l'isoscéloèdre ; en outre, vers la partie médiane de ces cristaux, on aperçoit, plus ou moins développées, des faces arrondies qu'on peut rapporter dans la plupart des cas à $\Phi = d^{\frac{1}{2}} d^{\frac{1}{10}} b^{\frac{1}{15}}$, face qui est en zone avec deux faces L opposées sur e^2 (voir page 220). Quelquefois une action quelconque (dépôt d'argile ou cause semblable) a empêché la transformation de s'effectuer d'un côté du cristal tandis que de l'autre elle s'est totalement ou partiellement effectuée, ce qui a permis de prendre, en quelque sorte, la nature sur le fait. Voici la description de quelques cristaux, dans la formation desquels la loi précédente se trouve mise en jeu ; on verra dans cette description les restrictions à porter à l'énoncé ci-dessus.

([1]) La loi d'accroissement parallèle n'est qu'un cas particulier de la loi d'accroissement ainsi définie.

N° 25 (fig. 44). Ce fragment de grand cristal incolore était formé par $Ld^2 e^2 e^3 \Phi$. Un dépôt ultérieur $\Phi_1 e_1^3 e_1^2$.... est venu se placer sur la face e^2, vers la gauche. On voit que la face Φ s'est beaucoup élargie dans le nouveau dépôt; à droite, et à gauche là où il n'y a pas de dépôt, Φ n'a pas $\frac{1}{2}$ millimètre de largeur, tandis que, là où le dépôt s'est formé, la largeur de la face Φ dépasse un millimètre. Sur les faces e^2 latérales le dépôt est assez fort pour déborder et créer de petits angles rentrants sur les faces L. Les faces d^1 sont nettes et miroitantes tandis que les faces L sont dépolies et peu réfléchissantes.

N° 30 (fig. 45). On voit dans ce cristal, vers la droite, la tendance de la face Φ à se développer au dépens de L.

N° 53 (fig. 46). Petit cristal analogue au N° 25. L'épaisseur du dépôt ultérieur $e_1^3 \Phi_1 e_1^2$ est considérable; ce dépôt ne recouvre pas entièrement les anciennes faces; il est un peu reculé vers la gauche, ce qui permet de distinguer nettement les anciennes faces e^3 et e^2. Entre les arêtes homologues ab, cd appartenant la première au dépôt, la seconde à l'ancien cristal, est venue se déposer la face Φ, dont on aperçoit bien à la loupe la formation; elle paraît remplir grossièrement l'espace qui sépare les arêtes ab et cd. Comme, à cause d'une légère déviation dans l'orientation du dépôt, les arêtes ab et cd ne sont pas tout à fait parallèles, le dépôt Φ, partant de ab, vient s'arrêter à une droite cf située dans l'ancienne face e^2 et très voisine de cd.

Dans les grands cristaux où la face Φ est grossièrement dessinée, presque toujours les arêtes Φe^2 et ΦL ne sont pas rigoureusement parallèles et convergent vers le haut.

N° 337 (fig. 47). Lorsque dans les cristaux précédents la face L est complètement disparue, il reste à sa place une face arrondie très commune dans les cristaux de Rhisnes; il était à prévoir que cette face était Φ, vu qu'elle provient de l'accroissement successif de cette dernière. Il n'est pas possible de prendre des mesures sur ces faces grossières; l'assemblage N° 337, a permis de certifier le fait. Cet assemblage se compose d'un cristal $A)$ $Ld^2\Phi e^2 Ii$ ([1]) hémitrope par rapport à a^1, terminé à axes parallèles par un cristal $B)$, dans lequel l'isocéloèdre L est disparu et a été remplacé par les faces arrondies dont il s'agit : or, ces faces miroitent simultanément avec les faces Φ très nettes du cristal inférieur, ce qui prouve la vérité du fait avancé.

N° 302 (fig. 48). On trouve dans ce beau groupe, dont il a été question à propos de la face Ω' (page 196), tous les états successifs d'accroissement de la face Φ. Ce groupe se compose de deux cristaux (20 millimètres de hauteur) de couleur assez foncée, terminant à axes parallèles des isocéloèdres incolores ; en outre, d'autres petits cristaux presque limpides y sont orientés comme les deux premiers. Les petits cristaux ont pour notation $Ld^2 e^2 e^3 \Phi$; on y voit les facettes Φ assez nettes et l'isocéloèdre inaltéré. Dans les deux grands cristaux, si on les fait tourner autour de l'axe vertical successivement de 120°, on voit dans une région des facettes Φ très nettes, dans une autre région des faces Φ courbes ayant remplacé en totalité les faces L et enfin, dans la partie représentée par la figure, on aperçoit d'un côté la face L encore très nette avec la facette Φ à peine accusée et de l'autre la face Φ courbe remplaçant en totalité la

___

([1]) La face i extrêmement petite a été négligée dans le dessin.

face L disparue. Observons que la face Φ courbe, qui s'étend dans l'espace triangulaire formé par l'arête Ld^2 et les arêtes Le^2 antérieure et latérale, est probablement formée de $\Phi (L + 9\,e^2)$ et d'autres facettes de la forme $L + me^2$; souvent on aperçoit dans la face courbe une ligne, ponctuée sur la figure, parallèle à Φe^2 et qui est probablement l'ancienne arête ΦL; la partie située à droite de cette ligne fait avec la partie située à gauche un léger angle, accusant dans la première partie des faces $L + me^2$ ($m < 9$), faces analogues à celles dont il a été parlé page 221 (¹).

N° 292. Groupe formé de deux cristaux ayant environ 20 millimètres de hauteur, de notation Lpd^2, qui sont, sous le rapport de la limpidité, les plus beaux trouvés dans le gisement. Latéralement à ces cristaux principaux se trouvent greffés à axes parallèles de petits individus de couleur foncée dont l'un présente la même particularité que nous avons signalée dans le N° 302 : à gauche, on aperçoit nettement $Ld^2\Phi$, à droite l'isoscéloèdre est complètement disparu par l'agrandissement de Φ, qui est devenue courbe. On aperçoit aussi dans cette face courbe une ligne parallèle à Φe^2; comme toujours, l'intersection de Φ courbe avec d^1 est vaguement dessinée.

N° 7125. Ld^2 enveloppé partiellement par $d^2\,S\Phi e^{\frac{4}{5}}\,e^1\,e^{\frac{1}{2}}\,p$. Si nous examinons les cristaux sur lesquels nous avons déterminé la face S (voir fig. 5), nous voyons que les trois faces S, Φ et $e^{\frac{7}{5}}$ obéissent à la loi que nous étudions. En effet, S provient d'un biseau sur les arêtes b de l'isoscéloèdre, $e^{\frac{7}{5}}$ est la troncature de l'arête B du

---

(¹) La face O', qui est aussi de seconde formation, provient d'un biseau sur les arêtes b de l'isoscéloèdre L, conformément à la loi indiquée.

même solide et Φ est en zone avec les faces 16.8.3 et 8.16.$\overline{3}$ de l'isoscéloèdre. Que ces cristaux aient été formés autour d'isoscéloèdres préexistants, cela se déduit des faits suivants.

1° Très souvent les arêtes $L d^2$ intérieures et quelquefois même les faces p et L sont visibles à cause d'un dépôt noirâtre qui s'est effectué sur ces faces pendant que le cristal extérieur prenait naissance.

2° Nous avons trouvé un petit cristal incolore (N° 7125) (fig. 49), dans lequel on aperçoit encore une partie de l'isoscéloèdre restée intacte. Dans ce cristal $e^{\frac{7}{5}}$ manque et est remplacé par les rhomboèdres $e^{\frac{4}{5}}$, e^1, $e^{\frac{1}{2}}$, dont le premier est très voisin de $e^{\frac{7}{5}}$.

N° 5006. Ce curieux groupe, malheureusement assez grossier (les mesures relatives à S, y, $e^{\frac{7}{5}}$ etc., ont été prises sur des cristaux voisins) montre la formation de nouveaux cristaux autour d'un assemblage formé par un isoscéloèdre terminé par un cristal $L d^2 p$ (fig. 50). Le dépôt a formé deux nouveaux cristaux, l'un autour de l'isoscéloèdre de base, l'autre autour de la terminaison. Le cristal formé autour de l'isoscéloèdre inférieur a pour notation $S e^{\frac{7}{5}} \left(b_L^{\frac{37}{7}} \ B'_L \right)$; le solide formé autour de la terminaison a la forme ordinaire des cristaux portant les faces S, seulement la face Φ est remplacée par $y = d^{\frac{1}{5}} d^1 b^{\frac{1}{7}}$ (voir page 226).

N° 652 (fig. 51). Cristal ayant environ 60 millimètres de hauteur. En le plaçant devant l'œil lorsqu'il est traversé par une vive lumière, on aperçoit à l'intérieur le cristal de première formation. Sur le fond noir constitué par les faces portant des hachures sur la figure, se détachent en blanc les faces d_1^2, $d_1^{\frac{3}{2}}$, Φ_1. Il est difficile, sauf pour la face p qui appartient évidemment au cristal intérieur, de décider quelles sont les faces qui appartiennent au cristal primitif. Il nous semble que l'ancien cristal avait pour notation : $Ld_1^2\ pd_1^{\frac{3}{2}}\ \Phi_1\ e^2$ et que le dépôt a surtout développé les faces d^2, augmenté les faces Φ grossièrement en les arrondissant, diminué les faces L en les remplaçant partiellement par la série des faces S, supprimé les faces p. En prenant des mesures entre les deux faces L antérieures, on a obtenu d'abord approximativement : $LL = 58°12'$; pour les faces intermédiaires on obtient une image paraissant continue, mais que l'on peut résoudre en plusieurs images distinctes, très voisines, en prenant pour mire la flamme d'une bougie éloignée; on trouve ainsi des angles variant de 6°56' à environ 10°; ce sont donc les faces $d^{\frac{3}{2}}$, S..... jusqu'à z. Les faces S sont traversées par des lignes, parallèles à l'arête SL, qui vont en s'arrondissant vers les faces Φ. Les lignes ab, cf sont fortement marquées et saillantes; ha fait aussi faiblement saillie.

N° 4263. Cristal analogue au précédent; seulement une partie du cristal primitif est restée à découvert; on y aperçoit la combinaison $Le^2 d^2$ finement dessinée.

N° 3021. Nous avons décrit (page 199, fig. 9), des cristaux scalénoédriques de seconde formation présentant l'ensemble des trois faces Φ, Ω', $d^{\frac{8}{5}}$ en général peu distinctes et paraissant former une seule face courbe. Or, Ω' provient d'un biseau sur les arêtes b de l'isoscéloèdre L, Φ est en zone avec deux faces L opposées sur e^2, $d^{\frac{8}{5}}$ est en zone avec L et e^2 latérale.

Rappelons pour terminer que tous les grands cristaux

scalénoédriques, plus ou moins grossiers, formant une grande partie du gisement que nous étudions, sont

constituées par d^2, e^2, un scalénoèdre voisin de $d^{\frac{3}{2}}$ tel que S et d'une face arrondie Φ placée entre S et e^2.

Appendice.

Nous avons parlé dubitativement (page 221), d'une face appartenant à la zone Le^2 et faisant avec L un angle de 10°18'. Nous venons de trouver un cristal (N° 3654) portant Φ et la face en question bien développées; on a pu y mesurer exactement l'angle que cette dernière fait avec L. On a obtenu : 10°32' (28'. 30. 33. 35. 32); elle correspond nettement à

$$L + 7e^2 = 23.15.3 = d^{\frac{1}{\overline{4}}}\, d^{\frac{1}{\overline{28}}}\, b^{\frac{1}{\overline{41}}},$$

qui donne 10°31' pour l'angle cité.

Observons à présent que cette face est excessivement voisine de $M = d'\, d^{\frac{1}{\overline{7}}}\, b^{\frac{4}{\overline{10}}}$, dont nous avons parlé antérieurement, qui n'a pu être déterminée que dans un seul cristal (page 233) et dont nous avons admis l'existence dans certains cristaux portant l (page 216) et dans d'autres présentant la face I (page 240). Le tableau suivant prouve que certainement les faces observées dans ces différents cristaux appartiennent à la même forme. Sauf pour l'angle avec $10\overline{1}$, pour lequel on obtient une différence de 1°, la notation $M = 23.15.3$ satisfait bien; de plus, les faces observées sur les cristaux à faces Φ appartiennent certainement à la zone Le^2. D'autre côté la notation $M = 17.11.2$ est plus simple et donne en général une meilleure concordance.

Nous avons laissé subsister les deux notations dans les tableaux qui vont suivre (page 317).

ANGLES.	CALCULÉS		MESURÉS.
	17.11.2	23.15.3	
Avec $4\overline{41}$	$29°50'$	$30°13',5$	(1) $29°56'$
» 401	$39°24'$	$39°32',5$	(1) $39°46'$
» $10\overline{1}$	$63°53'$	$64°16'$	(1) $63°47'$
Sur p	$40°20'$	$39°36'$	(1) $40°$ approxim.
Avec Φ	$2°5'$	$1°54'$	
» $L_{16.8.5}$	$10°31'$	$10°31'$	(2) $10°18'$, (3) $10°29'$, $10°32'$
» $L_{8.16.\overline{5}}$	$53°56',5$	$53°57'$	(3) $53°53'$
$(17.11.2)(23.15.3)$	$0°53'$		

La face 23.15.3 se trouve à l'intersection des zones :

$$Le^2 \text{ et } xe^2_{100}\, d^{\frac{5}{4}}\, d^{\frac{5}{2}}_{551}.$$

(1) Voir page 234.
(2) Voir page 221.
(3) Voir page 240.

CRISTAUX DU SECOND GISEMENT.

CRISTAUX DU SECOND GISEMENT.

Les cristaux que nous allons décrire ont été trouvés à un niveau situé à environ 15 mètres plus bas que le niveau inférieur de l'ancien gisement et environ 80 mètres plus à l'Est.

Les échantillons ont été prélevés dans des espaces représentés par les N°s **45**, **46**, **47**, **48**, **49** et **50**, qui ont chacun environ un mètre carré de surface; le N° **45** est celui qui se trouve le plus près du 1ᵉʳ gisement. Nous décrirons ces échantillons d'après la place qu'ils occupent dans le gisement.

Les N°s **45** et **49** sont très remarquables et seront décrits en détail ; des autres nous ne dirons que quelques mots.

L'examen de ces cristaux nous a conduit à cette conclusion qu'ils sont tous formés autour d'isoscéloèdres préexistants et sont dus à l'action de trois milieux successifs; le premier a déposé l'isoscéloèdre, le deuxième a formé autour de ce dernier un solide dont les faces proviennent de troncatures ou biseaux sur les arêtes b de L (observé surtout dans N° **49**), le troisième a déposé autour du solide de seconde formation, un cristal ayant pour forme fondamentale des scalénoèdres de la forme $d^{\overline{m}}_{\prime\prime}$.

L'isoscéloèdre primitif est très rare dans cette formation, mais il s'y présente toujours avec la limpidité et l'éclat du quartz; rarement il est complètement libre (N° **45**), ordinairement on en aperçoit une partie qui n'a pas été recouverte par le dépôt de la deuxième époque.

Le cristal de seconde formation est terne et confus.

Le cristal de troisième formation est presque limpide, à faces réfléchissantes mais souvent indécises ; quelques-unes de ces faces sont courbes ou traversées par de nombreuses lignes sinueuses ; ces cristaux ressemblent à ceux des autres gisements de calcite, sauf cependant la présence de quelques faces que nous examinerons en détail et celle de facettes L ordinairement très petites mais nettes et miroitantes, que nous rencontrons ici pour la première fois sur des cristaux de troisième formation.

N° 45.

CRISTAUX PRÉSENTANT LES FACES :

$$e_{3},\ e_{\frac{3}{3}},\quad V = d^{\overline{\frac{1}{31}}}\ d^{\overline{\frac{1}{28}}}\ b^{\overline{\frac{1}{33}}},\quad P = d^{\overline{\frac{1}{34}}}\ d^{\overline{\frac{1}{37}}}\ b^{\overline{\frac{1}{44}}}.$$

Grande géode contenant de magnifiques groupements à axes parallèles (fig. 52). L'assemblage a de 4 à 12 millimètres de hauteur et se compose ordinairement de trois cristaux. En haut un cristal prismatique, puis un isoscéloèdre L légèrement modifié, puis enfin un cristal provenant apparemment d'un dépôt formé sur un isoscéloèdre préexistant.

1° *Cristal intermédiaire.* — $L\ e_3\ \underset{3}{e_3}\ \underset{2}{e_3}$.

C'est l'isoscéloèdre L net et limpide ; il se termine vers le haut par des facettes nettes mais presque toujours assez ternes pour ne fournir aucune image. Une de ces faces paraît couper horizontalement la face L, c'est-à-dire qu'elle appartient aussi à un isoscéloèdre.

D'après la position relative aux clivages, on conclut qu'elle représente e_3 ; en effet, dans un de ces assemblages on a pu vérifier que la face en question est en zone avec 16.8.3 et $16.8.\overline{3}$ et qu'elle fait avec L un angle approximatif de 28°21′ (28′.23.13). Dans un autre cristal on a obtenu $28°31'$ pour cet angle (calculé : $Le_3 = 28°54'$).

Les facettes adjacentes à e_3 paraissent en zone avec deux faces e_3 et sont, par conséquent, de la forme $e_{\frac{m}{n}}$; elles sont striées dans deux sens et présentent l'aspect caractéristique du plomb coupé par un instrument imparfaitement tranchant. Dans un de ces cristaux ($N° 10000$), qui n'est pas terminé par un cristal prismatique, nous avons pu mesurer approximativement l'angle fait par une de ces faces avec p antérieure; on obtient une image continue que l'on peut résoudre en prenant pour mire la flamme d'une bougie assez éloignée. On a obtenu :

Image la plus rapprochée de p (nette) : $36°59'$ ($40'.50. 55. 77. 78. 78. 53$).

Image suivante (assez nette) : $38°43'$ ($36'. 50. 44$).

Image extrême (très confuse) : $42°4'$ ($0'.8$).

On a aussi mesuré, en se servant de la première image, l'angle avec $8\overline{8}3$, qui a été trouvé de $45°1'$ ($4.\overline{2}$). La deuxième image correspond approximativement à $e_{\frac{3}{2}}$ ($pe_{\frac{3}{2}} = 39°2',5$), la troisième à $e_{\frac{4}{3}}$ ($pe_{\frac{4}{3}} = 42°22',5$); quant à la première, elle correspond à une forme comprise entre $e_{\frac{9}{5}}$ et $e_{\frac{3}{2}}$ ($pe_{\frac{9}{5}} = 34°3', pe_{\frac{3}{2}} = 39°2',5$). Les notations $e_{\frac{5}{2}}$ et $e_{\frac{8}{5}}$ conviennent assez bien :

ANGLES	CALCULÉS		MESURÉS
	$e_{\frac{5}{3}} = 825$	$c_{\frac{8}{3}} = 13.3.8$	.
Avec p	$36°7',5$	$37°14',5$	$36°59'$
Avec $L_{8\overline{8}3}$	$45°39'$	$44°33'$	$45°1'$

Nous choisissons la notation $e_{\frac{5}{3}}$, cette forme étant déjà connue à Andreasberg, où M. Sansoni l'a signalée dans la combinaison $a^1 e^1 e_{\frac{5}{3}}$ [1]. Le pôle $e_{\frac{5}{3}}$ se trouve indiqué d'avance sur la projection stéréographique de M. Des Cloizeaux; on l'y voit à l'intersection des trois cercles de zone : $d^1 \pi \chi\, e^{\frac{1}{5}} a^3$, pe^1 et $a^1 Q \omega e_{\frac{1}{2}}$.

2° *Cristal inférieur. VPe^1.....*

Sur plusieurs cristaux de la forme Lp, provenant du 1er gisement, nous avions remarqué un dépôt formé sur les arêtes B, paraissant couper la face p suivant des lignes alternativement parallèles à la ligne de pente et à l'horizontale de cette face. L'angle sur e^1 étant voisin de 180°, le scalénoèdre formé par ce dépôt est presque un rhomboèdre et, d'après ce qui vient d'être dit, il est de la forme $e_{\overline{n}}$. Dans un grand cristal (N° 1), hémitrope par rapport à e^2, les faces en question se présentaient sous forme de bandes parallèles faisant avec L des angles rentrants sur e^1. On y avait mesuré approximativement : Angle avec $L = 29°45'$ ($46'. 45. 40. 48$), Angle sur $e^1 = 4°55'$ ($11'. 69. 45. 72. 80$), Angle avec p (on aperçoit deux images) $47°50'$ ($50'. 51. 50$) et $49°48'$ ($55'. 38. 61. 36$) [2]. Ces mesures correspondent assez bien à $e_{\frac{9}{8}}$, face pour laquelle ces angles sont respectivement de : $29°38'$, $5°16'$ et $47°14'$.

Dans le cristal inférieur de l'assemblage dont nous

[1] Sansoni. *Sulle forme cristalline della Calcite di Andreasberg.* Roma 1884, page 36, n° 51, fig. 18. On voit dans cette figure $e_{\frac{5}{3}}$ sous forme de biseau b^4 sur les arêtes culminantes du rhomboèdre e^1 .La seconde incidence calculée doit être changée en 14°27'.

[2] Ce dernier angle correspond à c^1 ($p\,c^1 = 50°34',5$) ou mieux à une forme $c_{\overline{n}}$ intermédiaire entre $c_{\frac{9}{8}}$ et c^1 .

nous occupons à présent, l'isoscéloèdre est complètement disparu ; des faces V, parfois assez bien réfléchissantes, constituent des bandes analogues à celles que nous venons de décrire et se terminent vers le bas par de très petites faces P très brillantes.

Détermination de $V = 64.3.26 = d^{\frac{1}{31}} d^{\frac{1}{28}} b^{\frac{1}{35}}$.

Dans le cristal N° 10317, terminé par un petit isoscéloèdre très net, nous avons pu mesurer assez exactement les angles que fait V avec deux faces L :

$$VL_{16.8.3} = 28°18' \ (15'.\,23.\,22.\,14.\,14),$$
$$VL_{88\bar{3}} = 32°31' \ (29'.\,28.\,35.\,25.\,37). \quad (1)$$

En partant de ces incidences, on obtient :

$$\frac{z}{y} = \frac{9{,}55505}{1{,}09364} = 8, 1, 2, 1, 4\ldots\ldots$$

La troizième réduite $\dfrac{z}{y} = \dfrac{26}{3}$ jointe à $\dfrac{x}{y} = \dfrac{64}{3}$, donne :

$V = 64.3.26$. On a, depuis, mesuré approximativement ([1]) : $Vp_{0\bar{1}1} = 55°27' \ (30'.\,22.\,28.\,23.\,34)$. Dans le tableau de correspondance nous avons aussi inscrit les incidences relatives à 21.1.9.

ANGLES	CALCULÉS.		MESURÉS.
	21.1.9	64.3.26.	
Avec $L_{16.8.3}$	28°35'	28°16'	28°18'
Avec $L_{88\bar{3}}$	32°48',5	32°30'	32°31'
Avec $p_{0\bar{1}1}$	54°6'	54°48'	55°27' approx.

([1]) La mesure n'est qu'approximative, parce que le clivage appartient à un troisième cristal placé sur l'isoscéloèdre.

Nous avons essayé en vain de ramener la face V à la forme $e_{\frac{m}{n}} = m + n.\,m - n.\,m.$

En remplaçant dans l'équation

$$x + 0{,}25691\, z = 23{,}6419\, y,\ \text{tirée des mesures (1)},$$

x, y et z par ces dernières valeurs, on obtient :

$$\frac{m}{n} = \frac{24{,}6419}{22{,}38499} = 1, 9, 1, 11, \ldots;$$

en essayant $e_{\frac{11}{10}} = 21.1.11$ et $e_{\frac{8}{7}} = 15.1.8$, on trouve :

$$e_{\frac{11}{10}}.\,(16.8.3) = 30°20',5 \text{ et } e_{\frac{8}{7}}.\,(16.8.3) = 30°6'.$$

Le pôle de V se trouve à l'intersection des cercles de

zone $\overline{1}42 \left(e^{1}_{201}\ e^{\frac{1}{5}}_{\overline{2}\overline{2}3} \right)$ et $1.22.\overline{5} \left(e^{\frac{3}{2}}_{301}\ b^{3}_{\overline{2}14} \right)$ [1].

Détermination de $P = 27.1.9 = d^{\frac{1}{34}}\, d^{\frac{1}{37}}\, b^{\frac{1}{44}}$.

Les faces P peuvent donner lieu à de bonnes mesures : (voir fig. 52).

Angle sur e^{1} :

1er cristal. $3°32'$ $(32'.49.26.22.30)$ }
2^{ond} „ $3°34'$ $(39'.27.25.42.35)$ } Moyenne : $\Psi = 3°33'.$

$$P_{1}\ p_{111} = 54°37'\ (26'.27.33.49.51), \qquad\qquad \alpha = 54°37',$$

$$P\ p_{111} = 57°18'\ (17'.19.19.14.22), \qquad\qquad \beta = 57°18'.$$

Les trois incidences mesurées ne peuvent suffire à calculer les rapports des caractéristiques par la méthode générale exposée page 175, parce que l'une des incidences est une déduction des deux autres. On peut se servir de

[1] Si l'on adoptait la notation $V = 21.1.9 = d^{\frac{1}{34}}\, d^{\frac{1}{28}}\, b^{\frac{1}{32}}$, le pôle V serait situé à l'intersection des cercles $c^{2}_{100}\ e_{\frac{9}{8}}\ b^{\frac{5}{4}}\ P\ (09\overline{1})$ et $c^{1}\ b^{4}_{135}\ (\overline{1}32).$

la troisième mesure pour vérifier si P_1 et P sont bien les faces d'un même scalénoèdre comme nous l'avons admis. Si m est le module de p et xyz la face inconnue, on a, comme d'ordinaire :

$$\frac{x + y + 2s\,z}{y} = \frac{m \cos \alpha \sqrt{3}}{\sin \dfrac{\Psi}{2}}$$

$$\frac{x - 2y + 2s\,z}{y} = \frac{m \cos \beta \sqrt{3}}{\sin \dfrac{\Psi}{2}}.$$

En soustrayant membre à membre ces équations, on obtient la relation qui doit se passer entre les trois angles α, β et Ψ :

$$\frac{2m \sqrt{3}}{\sin \dfrac{\Psi}{2}} \cdot \sin \frac{\beta + \alpha}{2} \; \sin \frac{\beta - \alpha}{2} = 3.$$

En employant les nombres obtenus par la mesure, on trouve : 3,0897.

Pour calculer les caractéristiques, on résoudra les équations :

$$\frac{x + y + 2s\,z}{y} = 46,1064 \qquad \text{et}$$

$$\frac{x^2 + y^2 - xy + s\,z^2}{y^2} = \left(\frac{\sin 60°}{\sin \dfrac{\Psi}{2}}\right)^2 = 781,715.$$

On obtient :

$$\frac{x}{y} = \frac{3446617}{127764} = 26, 1, 41, 2, 3\ldots\ldots$$

La seconde réduite donne : $P = 27.1.9 = d^{\frac{1}{34}} d^{\frac{1}{37}} b^{\frac{1}{44}}.$

Correspondance :

ANGLES	CALCULÉS.				MESURÉS
	27.1.9	133.5.45	33.1.11	50.2.17	
Sur e^1	3°32'	3°35'	2°53'	3°49'	3°33'
Avec p_{111}	54°23'	54°11'	54°40'	54°2'	54°37'
Avec $p_{0\bar{1}1}$	57°	56°50'	56°48'	56°51'	57°18'

Nous avons constaté depuis que la face P paraît être en zone avec p et $L_{\bar{8}85}$ (zone $5.11.\overline{16}$); mais, dans cette hypothèse, on arrive à des notations très compliquées ou à des résultats peu approchés, comme l'indique le tableau précédent.

La face P se trouve sur les zones :

$$10\bar{3}\left(d^2\, e^{\frac{7}{2}}\, \theta e_{\frac{2}{3}}\, c^{\frac{5}{4}}\right),\ 091\left(e^2_{100}\, e_9\, b^{\frac{5}{4}}_{\frac{}{8}}\right),\ 19\bar{4}\left(a^5\, e^{\frac{7}{5}}\, e_{\frac{4}{3}}\right).$$

La face que nous avons notée e^1 dans la fig. 52 (¹) est en réalité formée de faces de la forme $e_{\frac{m}{u}}$ tendant vers e^1; en effet, jamais l'angle sur p a été trouvé de 101°9'. Dans un cristal, cet angle était de 99°59' (55'.75.35.45.85), dans un autre, on a obtenu pour une de ces faces trois images nettes, tandis que l'autre n'en montrait qu'une; les angles obtenus dans ce dernier cristal sont : 97°26',

(¹) La partie dont il s'agit paraît rhomboédrique et le clivage produit sur l'arête culminante antérieure est en zone avec les deux faces adjacentes du solide.

98°26′ et 98°59′ ; or pour $e_{\frac{8}{}}$ cet angle est de 94°28′. La partie désignée par e^1 est donc formée de faces intermédiaires entre e^1 et $e_{\frac{8}{}}$ telles que $e_{\frac{15}{44}} = 29.1.15$ (angle sur $p = 97°15′$), faces tendant vers e^1 ; cette dernière forme n'a pris son développement normal que dans les cristaux à faces T'' dont il va être parlé.

3° *Cristal supérieur*. — Approximativement prismatique (¹).

CRISTAUX PRÉSENTANT LA FACE :

$$T'' = 13.2.6 = d^{\overline{\frac{1}{5}}}\, d^{\overline{\frac{1}{7}}}\, b^{\overline{\frac{1}{6}}} = \left(e_{12} \right)_{\iota^1}.$$

Dans une géode évidemment analogue à la précédente, l'isoscéloèdre était disparu, le rhomboèdre e^1 s'était développé avec faces brillantes et portait presque toujours des cristaux prismatiques de terminaison.

N° 10421 (fig. 53) $e^1\, T''e_{\frac{7}{4}}$.

Cristaux de 4 à 8 millimètres de hauteur, grossièrement agencés, à faces courbes et ternes, sauf e^1 qui est bien réfléchissante ; le bas du cristal se relève et paraît former un léger angle rentrant avec la partie centrale ; les faces e^1 et T'' paraissent appartenir à un cristal préexistant, qui a été enveloppé par des dépôts plus récents ; parfois chaque angle du cristal porte un cristal prismatique orienté comme lui.

Mesuré : $p_{\mathrm{inf.}}\, e^1 = 72°40′,\ T''e^1_{\mathrm{appr.}} = 7°10′(21′.14.\overline{18}.\overline{1}.7.21.9.30)$

(¹) Il peut être noté approximativement : $c^2\, d^2\, c^{\overline{\frac{1}{2}}}\, b^1\, p$. Les facettes $p = 723$ courbes ne permettent aucune mesure ; elles ont été ainsi notées parce que d'un côté elles paraissent provenir d'un biseau sur les arêtes d de $c^{\overline{\frac{1}{2}}}$ et d'un autre côté leur intersection avec d^2 paraît indiquer qu'elles constituent un biseau sur les arêtes placées sur c^1 de d^2.

Le scalénoèdre T'', dont deux faces sont en zone avec e', appartient à la zone $(1\bar{2}1)\,(321)$; sa notation sera donc (voir page 173):

$$T'' = \frac{\sin \beta}{\sin \alpha}\,(1\bar{2}1) + 321,\ \text{formule dans laquelle :}$$

$\alpha = 37°41' - 7°10' = 30°31',\quad \beta = 37°41' + 7°10' = 44°51'.$

On en déduit : $T'' = 1{,}3888\,(1\bar{2}1) + 321 = \left(\dfrac{e_{14,5328}}{1,1664}\right)_{e^1}.$

La notation $T'' = (e_{12})_{e^1} = 13.2.6 = d^{\bar{5}}\,d^7\,b^{\bar{6}}$ convient fort bien avec $T''e' = 7°20'$. On a mesuré depuis: $T''e' = 7°24'$ $(29'.\,20.\,26.\,19)$ (¹) et, dans le cristal N° 1008 dont il va être parlé, $T''e' = 7°30'$ $(28'.\,27.\,22.\,33.\,38)$.

Le pôle T'' se trouve dessiné d'avance sur la projection stéréographique de M. Des Cloizeaux; il se trouve à l'intersection des cercles de zone d^2e' $(\bar{2}14)$ et $d'_{210}\,e^{\frac{4}{5}}_{302}$ $\sigma_{520}\,b^5_{140}$ $(\bar{2}43)$.

Les faces désignées par y sur la figure sont de la forme e_m. On a mesuré :

Angle avec e' (Mires éloignées. Image confuse) $= 15°26'$
                 $(19'.\,34.\,35.\,23.\,18)$.

   „   (Une mire rapprochée. Image assez nette)
                 $= 15°40'$ $(41'.\,47.\,40.\,36.\,27.\,49)$.

Dans le cristal N° 2118 on a pu mesurer avec plus d'exactitude :

Angle avec e' $= 15°20'$ $(18'.\,13.\,33.\,16.\,21)$. Enfin le cristal N° 1008 dont il va être parlé a donné pour cet angle $16°3'$ $(\bar{5}'.\,9.\,0.\,5.\,8)$.

(¹) En prenant la flamme d'une bougie pour mire, on aperçoit d'autres images, correspondant à des faces, dont la plus rapprochée de c^1 fait avec celle-ci un angle de $3°14'$ et correspond approximativement à $X = 25.2.12 = (c_{21})_{e^1}$.

La face inconnue est donc comprise entre e_9 et e_5 ($e'e_9 = 16°31',5$ et $e'e_5 = 14°27'$); en partant de l'incidence $15°20'$, qui est la plus sûre, on arrive à $\dfrac{x}{y} = \dfrac{1701}{451} = (3, 1, 3, 2, 1 \ldots)$ puis à $e_{19} = 30.8.19$, qui donne $e'e_{19} = 15°25'$. Vu le peu d'exactitude dont les mesures sont susceptibles, il nous a semblé préférable d'adopter la notation plus simple $e_7 = 11.3.7$, qui correspond bien à la moyenne donnée par les cristaux mesurés, vu que $e'e_7 = 15°46',5$ [1].

Le pôle e_7 se trouve à l'intersection des cercles de zone $p\,e'$ et $\zeta\,d^{\overline{2}}\,x_{45.6.5}$ ($\overline{3}43$).

Les faces inférieures coupent e' suivant des droites cd parallèles à ab; elles se relèvent sur e' et miroitent approximativement en même temps que les faces y; elles donnent avec p adjacente une image continue dans laquelle on peut fixer : $42°50' - 44°50' - 49°45'$; ce sont des faces de la forme $e_{\overline{n}}\left(e_{4}, e_{5} \ldots\right)$.

N° 1008. $e^1\; c^{\overline{\frac{6}{13}}}\; e^{\overline{\frac{1}{2}}}\; a^1\; e_7\; T'$.

Cristal analogue au précédent, non terminé par des prismes; outre les mesures relatives à e_7 et T' déjà mentionnées, nous citerons $pe'_{\text{inf.}} = 72°10'$. Dans la mesure

<hr>

[1] Le cercle de zone $p\,e'$ est coupé par le cercle $a^1\;q_{18.5.5}$ (voir Des Cloizeaux) entre e_9 et e_5. Ce pôle correspond fort bien aux mesures obtenues, mais sa notation $c_{95} = 36.10.23$ est fort compliquée. Le pôle de c_7 se trouve entre le point dont nous venons de parler et le pôle de c_5.

de l'angle que fait e^1 avec le rhomboèdre qui le sépare de a^1 on obtient deux images nettement distinctes qui donnent 18°1' ($\overline{5'}.\overline{3}.1.12.\overline{1}$) et 19°53' (53'. 50. 56). Ces deux images sont aussi données par les deux autres faces analogues, seulement elles sont peu intenses; celle que l'on perçoit le mieux donne 19°30' pour l'une des faces et 19°24' pour l'autre. La première incidence correspond approximativement à $e^{\overline{2}^1}$ ($e^1 e^{\overline{2}^1} = 18°30'$), la seconde accuse les faces d'un rhomboèdre $e^{\overline{13}^6} = 19.0.20$ très voisin de $e^{\overline{2}^1}$. Calculé : $e^1 e^{\overline{13}^6} = 19°59'$.

Appendice. — Remarque sur les faces de la forme $e_{\underline{n}}^m$.

Avant d'avoir étudié les cristaux précédents, nous avions trouvé sur certains isoscéloèdres limpides de notation $L p a^1 b^1$, provenant du premier gisement, quelques faces K paraissant nettement en zone avec p_{111} et $L_{\overline{885}}$ (zone 11.5.$\overline{16}$). Ces faces sont striées dans deux directions à peu près perpendiculaires entre elles et ont l'aspect particulier du plomb coupé par une lame imparfaitement tranchante. Elles n'avaient pu fournir que des mesures approximatives à l'aide de la flamme d'une bougie; lorsque le cristal tourne autour de l'arête p_{111} $L_{\overline{885}}$, on obtient une suite d'images dans lesquelles on peut préciser celles qui correspondent aux faces extrêmes et qui donnent respectivement avec p : 38°21' et 33°30'. En partant de ces incidences, on arrive à

$$K = 19.3.14 = d^{\overline{12}^1} d^{\overline{9}^1} b^{\overline{7}^1} = L + 11p \text{ avec } Kp = 38°11'$$

et

$$K' = 21.5.16 = d^{\overline{14}^1} d^{\overline{9}^1} b^{\overline{7}^1} = L + 13p \text{ avec } K'p = 34°8'.$$

L'identité d'aspect de ces faces K et des faces $e_{\underline{n}}^m$, présentées par les cristaux du second gisement que nous venons d'étudier, montrent que ce sont des faces de même nature, mais il est difficile de choisir entre les deux notations. En effet, si l'on calcule les angles que font avec l'arête d du rhomboèdre primitif les axes des zones $p_{111}\ L_{\overline{8}83}$ et $p_{111}\ e'_{20\overline{1}}$, on trouve respectivement 51°31,′5 et 50°57′,5; il s'ensuit que les deux axes, presque parallèles, ne font entre eux qu'un angle de 0°34′. Ce n'est que par des mesures précises de vérification qu'on pourrait choisir entre les deux zones, mais les faces que nous examinons ne s'y prêtent malheureusement pas.

Ainsi nos faces K et K' peuvent être considérées comme représentant respectivement $e_{\frac{3}{2}}$ ($pe_{\frac{3}{2}} = 39°2′,5$) et $e_{\frac{9}{5}}$ ($pe_{\frac{9}{5}} = 34°3′$). Réciproquement, la face $e_{\frac{5}{3}}$ trouvée plus haut (voir page 273) pourrait être facilement ramenée à la zone $11.5.\overline{16}$. En effet, en partant des angles qui ont servi à déterminer $e_{\frac{5}{3}}$ (¹) et, en se servant de la condition que la face cherchée vérifie l'équation de la zone dont il s'agit, on trouve :

$$\frac{x}{y} = \frac{66335269}{12642287} = (5, 4, 2....).$$

En prenant $\frac{x}{y} = 5$, on arrive à :

$$20.4.15 = d^{\overline{\imath 3}} d^{\overline{9}} b^{\overline{\imath}} = L + 12\,p$$

intermédiaire entre les faces K et K'; la correspondance approximative est d'ailleurs aussi satisfaisante que celle obtenue par la notation $e_{\frac{5}{3}}$.

(¹) Angle avec $p = 36°59′$, angle avec $\overline{8}8\overline{3} = 45°4′$.

ANGLES	CALCULÉS	MESURÉS
$(20.4.15)\, p$	$36°4'$	$36°59'$
$(20.4.15)\,(8\overline{8}3)$	$45°9',5$	$45°4'$

Il serait facile de ramener approximativement les autres faces $e_{\underline{m}}$ observées à la zone $11.5.\overline{16}$, l'écart entre les deux cercles de zone que nous examinons, mesuré sur un arc ayant le point p comme pôle, est de $2°9'$ au point où se trouve e_3 et de $3°3'$ au point e_2. Observons aussi que la face $e_{\underline{7}}$ déterminée plus haut se rapporterait fort bien à la notation $d^{\overset{1}{\overline{13}}}\, d^{\overset{1}{\overline{9}}}\, b^{\overset{1}{\overline{7}}}$, qui fait avec e^1 un angle de $15°41'$ (Mesuré : $15°26' — 15°40' — 15°20'$. Voir p. 280 (¹).

L'existence des formes e_3 et e^1 dans les cristaux que nous étudions et la présence, constatée par nous sur des cristaux d'Arquennes, des faces e_2 et $e_{\underline{9}}$ avec l'éclat caractéristique des faces qui nous occupent, nous ont déterminé à rapporter ces dernières au cercle pe^1, en les notant $e_{\underline{3}\atop 2}$ et $e_{\underline{9}\atop 5}$.

<h2 style="text-align:center">N° 46.</h2>

N° 5100. $e^{\frac{11}{5}}\, d^2\, e^{\frac{1}{2}}\, b^1$.

Cristaux à aspect prismatique, formés essentiellement du 4me aigu $e^{\frac{11}{5}} = e^{\frac{3}{2}}_{l.}$.

(¹) On pourrait donc exprimer par la notation simple $d^{\overset{1}{\overline{13}}}\, d^{\overset{1}{\overline{9}}}\, b^{\overset{1}{\overline{7}}}$ à la fois les faces $c_{\underline{5}\atop 3}$ et $e_{\underline{7}\atop 4}$, ce qui n'est pas possible lorsqu'on laisse les faces observées sur la zone pe^1 .

N° 5101. $e^3\,e^2\,d^2$.

Cristaux d'un blanc plus ou moins laiteux, formés essentiellement du rhomboèdre e^3. Ils portent souvent le biseau d^2, quelquefois e^1, et assez souvent un biseau indéterminable sur les arêtes courtes de d^2 ([1]). On voit quelquefois des cristaux précédents de très petite taille servant de terminaison à de petits isoscéloèdres L.

N° 47.

N° 471. $d^{\frac{7}{4}}\,d^2\,e^5\,e^2$. Petits cristaux brillants.

N° 374. $d^{\frac{8}{5}}\,d^2\,e^2\,e^3\,e_{\frac{3}{5}}$. Cristaux atteignant quelquefois 25 millimètres de longueur, blancs, plus ou moins opaques. Les faces principales striées, parallèlement aux arêtes du primitif, sont formées des faces très voisines $d^{\frac{3}{2}}$, $d^{\frac{8}{5}}$, $d^{\frac{5}{3}}$, $d^{\frac{7}{4}}$ et d^2 ; l'image principale correspond à $d^{\frac{8}{5}}$. Ces cristaux portent en outre des faces de la forme $e_{\frac{n}{n}}$, paraissant en zone avec deux faces $d^{\frac{8}{5}}$ placées sur e^1 et correspondant par conséquent à $e_{\frac{3}{5}} = 10.2.3$. Des mesures approximatives ont confirmé cette notation ([2]). Dans certains cristaux $d^{\frac{7}{4}}$ prédomine.

N° 48.

N° 494. $e^3\,d^2\,d^{\frac{8}{5}}$ ......

Cristaux semblables aux précédents. Ordinairement e^3 prédomine. Ces cristaux atteignent quelquefois de

---

([1]) Ce biseau parait de formation plus récente.

([2]) Entre autres : angle sur $e^1 = 21°42'$, angle avec p (sur e^1) $= 64°19'$. Ces mesures ne permettent pas de confondre les faces en question avec $e_{\frac{1}{2}}$, pour lesquelles les angles cités sont respectivement de $26°44'$ et $67°39'$.

grandes dimensions. Souvent hémitropes. Le n° 494, groupe, d'un blanc de marbre, ayant plus de 50 millimètres de hauteur, est formé essentiellement de quatre cristaux; les deux premiers, hémitropes par rapport à a', sont groupés entre eux à axes parallèles; les deux autres, groupés aussi entre eux à axes parallèles, ne sont pas hémitropes par rapport à a', mais sont hémitropes des deux premiers par rapport à e^2. En réduisant la chose à sa plus simple expression, on peut dire que c'est une hémitropie par rapport à e^2 d'un cristal simple et d'un cristal hémitrope par rapport à a'. Ce mode de groupement, qui est assez fréquent, montre une tendance des faces telles que e^3 à se répéter 6 fois autour d'une extrémité de l'axe ternaire.

N° 80. $L\,d^2\,p\,a'\,b''^{\frac{m}{n}}_{L}$.

Nous avons retrouvé ici l'isoscéloèdre L. La couche formée par les nouveaux dépôts n'a pas recouvert uniformément un cristal; dans certains endroits, elle est d'une grande finesse et l'on aperçoit l'isoscéloèdre comme au travers d'un voile; plus loin, on voit des isoscéloèdres d'un blanc mat, inaltérés, modifiés comme il est dit plus haut. A la base de l'échantillon on se retrouve dans la formation de l'isoscéloèdre; on y voit de petits cristaux Lpa' à terminaison fort nette; les faces a' et p sont, sur une certaine épaisseur, d'un jaune mat et se distinguent par là du reste de cristal : plus loin on aperçoit des individus dont la terminaison est déjà oblitérée par les nouveaux dépôts.

N° 49.

Ces cristaux sont, avec ceux du **N° 45**, les plus intéressants parmi ceux qu'on a trouvés dans le second gisement. Ce sont des assemblages ayant de 4 à 70 millimètres de hauteur et ordinairement de 20 à 40. Ils sont constitués (fig. 54) par un scalénoèdre S' à faces ternes et ondulées, de couleur assez foncée, portant des troncatures e^3 sur les arêtes culminantes placées sur p, troncàtures dont les intersections avec S' sont sinueuses ; en dessous de e^3 se trouve ordinairement un rhomboèdre ayant pour notation $e^{\frac{11}{5}}$.

Autour de ce cristal est venu s'en former un autre, à faces brillantes, toujours presque limpide, constitué par des faces de la forme $d_n^{\overline{m}}$ et terminé par des faces p miroitantes et par un scalénoèdre de la forme $b_n^{\overline{m}}$ (voir fig. 57, 58, 59, 60, 61); la terminaison $pb_n^{\overline{m}}$ est d'une grande netteté ; en outre, ces cristaux portent des facettes v, y, L, etc., qui seront décrites plus loin (page 294). Suivant le développement relatif des faces, ces cristaux ont tantôt l'aspect scalénoédrique, tantôt le prismatique.

En examinant le scalénoèdre intérieur S', on remarque qu'il n'est pas de première formation ; dans la section taillée perpendiculairement à l'axe, on voit un noyau d'un blanc de marbre, se détachant nettement sur le fond sombre appartenant au scalénoèdre S'; nous avions pensé que ces cristaux s'étaient formés autour d'isoscéloèdres L qui représentent pour nous la partie primordiale du gisement.

Effectivement, après quelques recherches, je suis parvenu à trouver six cristaux portant l'isoscéloèdre L à l'intérieur, ce dernier toujours net et miroitant. La fig. 54 représente un de ces cristaux ayant plus de 40 millimètres de hauteur (N° 31); un dépot d'argile a fait en sorte que, sur une certaine étendue, les faces de l'isoscéloèdre intérieur sont restées intactes; on les aperçoit en L_1 et L_2 incolores et miroitantes. Il suit de là que les cristaux que nous examinons représentent les formations de trois époques différentes; la première est représentée par l'isoscéloèdre L, la deuxième par le cristal $S'e^5$, la troisième par $d^{\overset{m}{-}}pb^{\overset{m}{-}}$ [1]. Occupons-nous successivement des deux derniers cristaux.

$$\text{CRISTAL DE DEUXIÈME FORMATION. } S'e^5\, e^{\overset{11}{\overline{5}}}.$$

Ce cristal ne peut donner lieu à des mesures quelque peu exactes; en nous servant de lamelles de mica appliquées sur ses faces, nous étions parvenu à le noter approximativement $z = b^4_L = d^1\, d^{\overset{1}{\overline{9}}}\, b^{\overline{15}}$. Depuis, nous avons trouvé dans l'échantillon $N^\circ 49_5$, des cristaux plus petits, tout à fait semblables aux précédents, à face e^5 sinueuse et recouverts aussi presque tous par le dépôt $d^2 pb^5$ à faces brillantes. Le $N^\circ 490$ nous a pu fournir d'assez bonnes mesures :

$$
\begin{aligned}
&\text{Angle sur } p &&= 38°7' \ (9'.\,9.\,4),\\
&\text{Angle sur } e' &&= 77°53' \ (50'.\,51.\,58),\\
&\text{Angle avec } p_{111} &&= 35°23' \ (20'.\,25.\,24),\\
&\text{Angle avec } p_{10\overline{1}} &&= 69°50' \ (48'.\,49.\,54).
\end{aligned}
$$

On a en outre constaté que S' n'est pas sur la zone pp. Les deux premières données conduisent à $\dfrac{x}{y} = 1{,}519516$; cette valeur, jointe aux deux dernières incidences, donne $\dfrac{z}{y} = 0{,}332942$. Pour voir si nos incidences sont concordantes, employons les valeurs très approchées : $\dfrac{x}{y} = 1{,}52$,

[1] Les faces du cristal de troisième formation portent des hachures dans la fig. 54.

$\frac{z}{y} = \frac{1}{3}$, donnant $xyz = 4,56.3.1 = d^{\frac{1}{128}} d^{\frac{1}{11}} b^{\frac{1}{211}}$ ($log\ M = 0,6170211$); on obtient par le calcul une bonne correspondance relatée dans le tableau ci-dessous. Si l'on a recours au tableau des rapports des caractéristiques (page 357), on voit que la forme connue qui s'approche le plus de celle que nous déterminons est $S' = 29.19.6$, trouvée dans le premier gisement en biseau sur les arêtes b de l'isoscéloèdre L (page 191). Vu le peu de rectitude des faces du scalénoèdre que nous étudions, qui paraît correspondre à un décroissement mal défini, nous le rapporterons à $S' = 29.19.6 = d^{\frac{1}{11}} d^1 b^{\frac{1}{18}}$.

Correspondance :

ANGLES	CALCULÉS		MESURÉS
	$d^{\frac{1}{128}} d^{\frac{1}{11}} b^{\frac{1}{211}}$	$S' = d^{\frac{1}{11}} d^1 b^{18}$	
Sur p	$38°5',5$	$38°33',5$	$38°7'$
Sur e^1	$77°44'$	$77°42'$	$77°33'$
Avec p_{111}	$35°22'$	$36°8'$	$35°23'$
Avec $p_{10\bar{1}}$	$69°50'$	$69°5'$	$69°50'$

CRISTAL DE TROISIÈME FORMATION.

Sa forme s'aperçoit dans les fig. 55, 56......61. Outre e^3, d^2 et p qui sont toujours nettes et parfaitement miroitantes [1], ces cristaux portent des faces $b^{\frac{m}{n}}$, $d^{\frac{m}{n}}$, des

[1] Ce qui est fort rare pour les faces p.

rhomboèdres aigus donnant au cristal, lorsqu'ils prédominent, le facie. prismatique, et enfin les faces v, L, y, y', $v', F, \Omega, \Omega', U, z, U$.

Faces $b^{\overline{m}}$. Ce sont b^2, $b^{\overline{\frac{9}{2}}}$, b^5, $b^{\overline{\frac{17}{3}}}$ et b^6.

Les mesures font constater qu'outre b^2, b^5 et b^6, il existe dans ces cristaux un scalénoèdre $b^{\frac{9}{2}}$ observé par M. Sansoni à Andreasberg [1] et un scalénoèdre intermédiaire entre b^5 et b^6 que l'on peut représenter par $b^{\overline{\frac{11}{2}}}$ ou $b^{\overline{\frac{17}{3}}}$ suivant les cristaux: les mesures correspondant à $b^{\overline{\frac{17}{3}}}$ étant les meilleures [2], c'est cette dernière notation que nous avons adoptée. 15 cristaux ont été mesurés.

Voici la correspondance.

ANGLES	CALCULÉS	MESURÉS				
$p\ b^2$	23°8′	23°8′	22°54′			
$p\ b^{\overline{\frac{9}{2}}}$	11°28′	11°25′	11°2′			
$p\ b^5$	10°24′	10°12′	10°30′	10°37′	10°43′	10°39′
$p\ b^{\frac{11}{2}}$	9°31′	9°43′	9°56′			
$p\ b^{\overline{\frac{17}{3}}}$	9°15′	9°17′	9°12′	9°5′		
$p\ b^6$	8°46′	8°26′				

[1] *Loc. cit.* pag. 57. Noté : 7.2.$\overline{9}$.11.

[2] La meilleure mesure, fournie par le N° 372, est : angle avec $p = 9°12′$; la notation obtenue en partant de cette incidence est $b^{5,7043}$; la troisième réduite donne $b^{\overline{\frac{17}{3}}}$.

Faces $d^{\frac{m}{\bar n}}$. Ce sont $d^{\frac{7}{\bar 4}}$, $d^{\frac{3}{\bar 3}}$, $d^{\frac{8}{\bar 5}}$, $d^{\frac{3}{\bar 2}}$, (¹) $d^{\frac{10}{\bar 7}}$, $d^{\frac{11}{\bar 8}}$, d^2 et d^6.

On a trouvé d^6 largement mais pas bien développée, striée parallèlement à l'arête de la zone que nous examinons (²). Les autres faces $d^{\frac{m}{\bar n}}$ coexistent sur le même cristal par groupes de deux, trois, ou plus; se reproduisant plusieurs fois sur la longueur du cristal, elles forment des angles rentrants avec d^2 (voir fig. 60 et 61).

Faces rhomboédriques. — Ces faces, surtout les antérieures, sont irrégulières, non planes; leur intersection avec e^5 est courbe vers les extrémités, ce qui accuse latéralement les faces d'un scalénoèdre U très voisin d'un rhomboèdre et duquel il sera parlé page 305. Elles donnent toujours une suite d'images; comme les angles obtenus dans beaucoup de ces cristaux présentent une certaine constance, on en conclut que ces images multiples ne sont pas dues à des déplacements accidentels, mais à des faces dont il est bon de fixer la position par une notation.

Faces rhomboédriques antérieures. — Les angles qu'elles font avec p sont plus petits que $pe^2 = 45°23'$; elles convergent donc vers le haut, c'est-à-dire qu'elles sont de la forme $e^{\frac{m}{\bar n}}$ avec $\frac{m}{n} > 2$ (Rhomboèdres directs). Outre les rhomboèdres connus $e^{\frac{7}{\bar 3}}$, $e^{\frac{9}{\bar 4}}$ et $e^{\frac{11}{\bar 5}}$, on voit par le tableau ci-dessous qu'il existe dans ces cristaux un rhomboèdre compris entre $e^{\frac{5}{\bar 2}}$ et $e^{\frac{7}{\bar 3}}$; l'incidence de sa face sur p varie entre 38°20′ et 38°53′; quelques-uns des résultats obtenus

---

(¹) $d^{\frac{10}{\bar 7}}$, rapporté à L comme forme primitive, prend la notation simple $\left(e_8\right)_L$ (voir les formules page 243)

(²) Calculé : $pd^6 = 9°33'$. Mesuré : $9°25'$ (22′. 25. 25. 27. 25).

se rapportent assez bien à $e^{\frac{19}{8}} = 991$ signalé par M. Sansoni à Blaton (¹), d'autres se rapportent mieux à la notation plus simple $e^{\frac{17}{7}} = 881$. Ce dernier rhomboèdre, dont $e^{\frac{5}{3}}$ est l'inverse, est donc le troisième aigu de $e^{\frac{1}{2}}$; il occupe une position remarquable par rapport à l'isocéloèdre L; sa face s'obtient en faisant passer dans ce dernier solide un plan par deux arêtes B.

Voici le tableau de correspondance.

ANGLES	CALCULÉS	MESURÉS					
$p\,e^{\frac{5}{2}}$	37°9′						
$p\,e^{\frac{17}{7}}$	38°10′	38°20′	38°26′				
$p\,e^{\frac{19}{8}}$	38°57′	38°47′	38°53′	38°43′			
$p\,e^{\frac{7}{3}}$	39°36′	39°26′	39°45′	39°24′	39°36′	39°57′	39°14′
$p\,e^{\frac{9}{4}}$	40°55′	41°11′	41°18′	41°15′	40°52′	41°16′	40°43′
$p\,e^{\frac{11}{5}}$	41°45′	41°24′	42°2′	41°53′			

Faces rhomboédriques latérales. — Les angles qu'elles font avec p inférieure sont plus grands que $pe^2 = 45°23'$; ces faces convergent donc encore vers le haut et, à cause de leur position latérale, appartiennent à des rhomboèdres inverses ($e^{\frac{m}{n}}, \frac{m}{n} < 2$).

Dans le tableau ci-dessous on voit qu'outre les rhom-

(¹) Voir la 2ᵐᵉ note de la page 188.

boèdres connus $e^{\frac{9}{5}}$ et $e^{\frac{11}{6}}$ il existe, dans neuf cristaux différents, un rhomboèdre très aigu, fort voisin de e^2. L'existence de ce rhomboèdre si aigu est certaine : dans presque tous les cristaux de Rhisnes de troisième formation ayant une forme pseudo-prismatique, on observe dans les faces latérales une image donnant pour l'angle avec le clivage inférieur un nombre variant ordinairement entre 46°30′ et 47°. Le rhomboèdre le plus aigu que nous connaissions est $e^{\frac{49}{26}} = 25.0.1$ observé par Hessenberg, à Andreasberg ([1]), mais nos incidences diffèrent souvent de plus d'un degré de $pe^{\frac{49}{26}} = 47°42′$. La notation qui convient le mieux est $e^{\frac{79}{41}} = 40.0.1$ ([2]).

Voici la correspondance :

ANGLES	CALCULÉS	MESURÉS					
$pe^{\frac{7}{4}}$	50°39′						
$pe^{\frac{9}{5}}$	49°31′	49°42′	49°35′				
$pe^{\frac{11}{6}}$	48°48′	48°25′	48°43′	48°19′	48°23′	48°31′	48°45′
$pe^{\frac{49}{26}}$	47°42′	47°47′					
$pe^{\frac{79}{41}}$	46°50′	46°29′	46°41′	47°4′	46°42′	46°24′	46°23′
		47°14′	46°42′	47°5′			
pe^2	45°23′	45°9′	45°	45°54′	45°17′		

([1]) SANSONI. *Loc. cit.*, page 56.

([2]) C'est le rhomboèdre dont la face coupe au $\frac{4}{5}$ les deux arêtes d concourant au sommet e latéral de L et au $\frac{4}{9}$ l'arête B concourant au même sommet.

Faces : v, L, y, y', v', F, Ω, Ω', U, z, U.

a) Cristaux présentant les faces :

$$v = \quad 861 \quad = d^{\bar{5}}\, d^1\, b^{\bar{5}}, \qquad y' = 26.17.2 = d^{\bar{11}}\, d^{\bar{2}}\, b^{15}.$$

$$S = 54.34.11 = d^{\bar{17}} d^1\, b^{\bar{27}}, \qquad \Omega = 32.24.7 = d^{\bar{11}}\, d^{\bar{5}}\, b^{\bar{21}},$$

$$F = 20.15.4 = d^{\bar{7}}\, d^{\bar{2}}\, b^{\bar{13}}, \qquad L = 16.8.3 = d^1\, d^{\bar{9}} b^{\bar{7}}.$$

N° 24 (fig. 55). $d^2 p b^5 e^5 v y' L e^2$.

On remarque dans ce cristal deux faces v et y' situées sur la zone $d^2 e^5$ $(1\bar{2}4)$.

Mesuré : $e^5 v = 14°55'$ (56'. 62. 49. 47. 61), $e^5 y' = 21°40'$ (41'. 41. 40. 38. 39). La première incidence correspond à la face bien connue $v = 861 = \left(d^5\right)_{t^3}$; calculé : $e^5 v = 14°59'$ (voir page 228). La seconde incidence correspond à une face voisine de $y = 12.8.1$, mais qui ne peut être confondue avec elle; nous la représenterons par :

$$y' = 26.17.2 = d^{\bar{11}} d^{\bar{2}}\, b^{\bar{15}} = \left(d^{\frac{17}{9}}\right)_{t^3}.$$

ANGLE	CALCULÉ		MESURÉ
	y	y'	
Avec e^5	20°44'	21°39'	21°40'

La face y' se trouve à l'intersection des zones $e^5 d^1$, $e^2_{110}\, e^{\frac{16}{11}}_{002}$ $(\bar{2}29)$ et $d^1_{120} d^{\frac{13}{11}}_{24.13.2}$ $(\bar{4}.2.35)$.

N° 30. $e^3 d^2 p\, v\, y' S\, L\, e^{\overline{5}}$ (fig. 56).

C'est dans ce cristal que nous nous sommes aperçu la première fois que les cristaux de troisième formation desquels nous nous occupons portaient les faces de l'isoscéloèdre L presque toujours très petites mais nettes et réfléchissantes. Nous avons d'abord aperçu la face S qui paraît à première vue couper e^3 suivant sa ligne de pente, puis une face L, visible à la loupe, en zone avec S et e^5. On ne pouvait vérifier au goniomètre que l'on avait affaire à la zone des scalénoèdres dont l'arête culminante antérieure a pour troncature e^5, parce que ces faces n'existent que d'un seul côté de e^5.

On a mesuré :

$$Se^3 = 20°59' \ (62'. 54. 62. 59. 58)$$

$$Le^3 = 29°8' \ (2'. 11. 3. 19. 7);$$

ces mesures correspondent fort bien à $S=54.34.11$ et à L, car $Se^3 = 20°53'$, $Le^3 = 29°14'$; il fallait encore fixer la position de L par une autre mesure. On a obtenu approximativement $Ld^2 = 13°14'$ (16'. 18. 12. 10). Calculé 13°30'. Depuis, nous avons rencontré des cristaux dans lesquels les facettes L ont pu être déterminées avec exactitude.

La face placée entre e^5 et S ne donne pas d'image; ce n'est pas z, car son intersection avec d^2 n'est pas horizontale mais se relève vers la face e^5; c'est donc une face de la forme $b_L^{\frac{m}{n}}$ dans laquelle $\frac{m}{n} < 4$, probablement Ω ou Ω' [1].

---

[1] Dans le dessin on a supposé que la face en question est $\Omega = 32.24.7$.

Nous avons retrouvé dans ce cristal les faces v et y'.

ANGLES	CALCULÉS	MESURÉS
$e^3 v$	$14°59'$	$14°57'$ (57'. 56. 59)
$v y'$	$6°40'$	$6°33'$ (32'. 32. 36)

N° 37 (fig. 57). $d^2 p\, b^5\, e^3\, d^{\overline{5}}\, v\, L\, y'\, e^{\overline{9}}\, F$, formé autour de $S'e^3$.

Dans les cristaux qui suivent, il existe une région incomplètement fermée dans laquelle on aperçoit le cristal de 2ᵉ formation $S'e^5$; nous dessinons la région où cette interruption n'existe pas et dans laquelle les faces à décrire sont le mieux développées.

Dans le cristal N° 37, la face v de droite est d'une belle netteté, les faces y' sont courbes et les mesures ne sont qu'approximatives, les intersections de certaines faces y' avec v sont des courbes à peu près fermées, comme on le voit sur la gauche du dessin. La face F paraît appartenir à la zone $3\overline{4}0$ vu qu'elle coupe horizontalement v; les quelques mesures approximatives prises sur ce cristal nous conduisent à $F = 20.15.4$ déjà observée dans le premier gisement (page 231). La face F est rare; ordinairement elle est remplacée par Ω.

ANGLES	CALCULÉS	MESURÉS
$c^5 v$	14°59′	14°55′
$v y'$	6°40′	7°10′ approx.
$L L$	58°28′	58°29′
$v L$	16°26′	16°6′
$F v$	4°41′	4°58′ (¹)
$F d^2$	9°40′	9°52′ (¹)

N° 1522. $d^2 p e^5 \Omega L v$.

Dans ce cristal, F est remplacée par $\Omega = 32.24.7 = b^{\frac{2}{L}}$; les mesures ne sont qu'approximatives : $\Omega v = 5°54'$, $\Omega e^5 = 13°8'$, $\Omega d^2_{\text{opp.}} = 31°57'$. On a pu mesurer avec exactitude $v e^5 = 14°57'$.

N° 372 (fig. 58). $d^2 p b^{\frac{17}{5}} v \Omega L e^{\frac{7}{5}} e^{\frac{11}{6}} y'$.

Ce cristal à apparence prismatique, presque limpide, a 30 millimètres environ de hauteur; il est remarquable par la netteté de ses faces p, $b^{\frac{17}{5}}$, v, L; on y a obtenu d'assez bonnes mesures relatives à Ω :

$\Omega v \quad = \quad 5°53'$ (45′. 46. 57. 63.)...... Calculé : 5°49′
$\Omega d^2_{\text{opp.}} = 32°23'$ (37′. 23. 8)   »   32°14′

(¹) Pour Σ ces angles seraient de 3°54′ et 10°20′, pour Ω de 5°49′ et 8°42′.

On remarque dans la figure, vers le bas, un petit cristal orienté comme le grand, hémitrope par rapport à a' et ayant un agencement curieux que nous avons rencontré plusieurs fois : il ne présente que les faces d^2 supérieures; les faces d^2 du cristal hémitrope sont complètement supprimées.

Dans deux autres cristaux analogues on a trouvé pour l'angle des faces v et Ω, respectivement 5°34' et 5°30'.

$b)$ Cristaux portant les faoes :

$$v' = 25.19.4 = d^{\bar{9}}\, d^{\bar{5}}\, b^{\bar{16}}, \quad U' = 38.33.1 = d^{\bar{14}}\, d^{\bar{9}}\, b^{\bar{21}}.$$

Dans les cristaux du type que nous examinons, tout le long des intersections de la face rhomboédrique antérieure avec les faces $d^{\bar{\cdot}}$, intersections qui constituent une ligne toujours brisée et presque toujours courbe et sinueuse, se trouvent, en bordures étroites, de petites facettes qui, par le miroitement, semblent coïncider avec v; ces facettes sont rarement distinctes; ordinairement elles se confondent en un fin ruban sinueux et luisant, ne donnant pas d'images nettes. De ces faces très voisines de v il nous a été possible d'en préciser une avec certitude.

Une première fois (N° 3) les mesures nous amenaient à $\frac{x}{y} = 1{,}3318$, $\frac{z}{y} = 0{,}212946$; dans un autre cristal (N° 41), par des considérations de zone, nous trouvions : $\frac{x}{y} = 1{,}3333$, $\frac{z}{y} = 0{,}2167$. Ces résultats paraissaient accuser une face très voisine de v ([1]). En dernier lieu, nous avons trouvé

([1]) Pour v, on a $\frac{x}{y} = 1{,}3333$, $\frac{z}{y} = 0{,}1667$.

un cristal (N° 200) qui présente à la fois la face v et la face voisine que nous désignerons par v'; nous avons pu dans ce dernier cristal mesurer exactement l'angle vv'.

N° 3 (fig. 59). $d^2\ e^2\ e^{\overline{5}}\ e^{\overline{6}}\ e^{\overline{11}}\ e^3\ v\ F\ L\ v'$ formé autour de $S'e^5$.

Cristal incolore ayant presque 15 millimètres de hauteur, formé autour de $S'e^5$; vers le haut de ce dernier, est venu se déposer un petit cristal orienté comme les autres. La face v de gauche donne une image d'une grande netteté ([1]). Dans une partie non dessinée du cristal on voit $L = 16.8.3$, $v = 861$ et $e^{\overline{5}} = 16.16.1$ formant nettement une zone $(\overline{5}.4.16)$. La face v' donne deux images fort nettes et bien distinctes, sauf lorsque l'axe de rotation coïncide avec l'arête vv'; la partie supérieure de v' correspond à F. On n'arrive pas à apercevoir en réalité la ligne de séparation entre v' et F, mais l'intersection abc avec e^5 montre que v' est formée en réalité de deux faces, cette intersection étant constituée par deux droites bien distinctes, toutes deux convergeant vers le bas (pour Ω cette droite deviendrait parallèle à la ligne de pente de e^5). En mesurant l'angle avec e^5, on obtient pour les deux images : 14°6′ (2′. 2. 7. 8. 10) et 13°19′ (17′. 15. 20. 21. 22). L'angle avec d^2 est de 11°56′ (57′. 52. 59. 54. 59) et 9°58′ (54′. 61. 60. 57). Les incidences qui correspondent à la seconde image répondent à $F = 20.15.4$ ($Fe^5 = 13°36′$, $Fd^2 = 9°40′$). En mesurant l'angle avec v on n'aperçoit qu'une seule image fort nette, la supérieure étant trop faible et trop voisine de l'inférieure pour être perçue; la moyenne de 5 mesures a donné $v'v = 2°19′$.

En partant des trois données $v'e^3 = 14°6′$, $v'v = 2°19′$, $v'd^2 = 11°56′$, on obtient : $\dfrac{x}{y} = 1,3318$, $\dfrac{z}{y} = 0,212946$. Les

([1]) Mesuré : $c^5v = 15°1′$ (1′. 0. 0. 2. 2). Calculé : 14°59′.

notations 12.9.2 et 80.60.13 se rapportent assez bien aux mesures, comme on peut le voir dans le tableau de comparaison placé page 302.

N° 41 (fig. 60). $d'\ d^{\frac{3}{\overline{2}}}\ pb^5\ e^5\ e^{\frac{7}{\overline{5}}}\ Lv'v$.

Cristal ayant plus de 20 millimètres de hauteur. On y aperçoit une facette v' en zone avec $d^{\frac{3}{2}}$ et $e^{\frac{7}{5}}$; les faces v sont petites et pas nettes; elles ont été notées ainsi par analogie avec les cristaux précédents. En mesurant $d^{\frac{3}{\overline{2}}}v'$, on obtient (^{1}) : 9°36′ (35′.38); or, l'angle $vd^{\frac{3}{\overline{2}}}$ est de 10°39′.

En partant de l'incidence 9°36′, on arrive à 80.60.13, qui fait avec $d^{\frac{3}{\overline{2}}}$ un angle de 9°42′,5.

N° 200 (fig. 61). $d^2 e^5 pb^5 vv'y d^{\frac{8}{\overline{5}}} L\Omega'ze^2\ U'$, formé autour de $S'e^5$.

C'est dans ce cristal que la face v' bien développée en même temps que v a pu donner lieu à de bonnes mesures.

Le cristal examiné a 30 millimètres de hauteur et est à peu près limpide. Les faces d^2, e^5, v, v' sont nettement réfléchissantes.

On y a mesuré notamment :

$d^2 e^5\ = 19°25′\ (25′.25)$	Calculé :	$19°24′$
$ve^5\ = 14°57′\ (60′.55.56)$	″	$14°59′$
$ye^5\ = 20°37′\ (35′.37.39)\ (^2)$	″	$20°44′$
$\Omega'e^5\ = 14°12′\ (6′.15.14)$ ⎱ approx.	″	$14°42′$
$ze^5\ = 18°36′\ (41′.39.29)$ ⎰	″	$18°33′$
$e^5 d^2_{3\overline{11}}\ = 53°29′\ (33′.24.31)$	″	$53°23′,5$
$pd^{\frac{8}{\overline{5}}}\ = 35°56′$ approx.	″	$35°47′$

(^{1}) On aperçoit aussi une autre image donnant 8°20′.

(^{2}) Avec y on obtient une image confuse qui se décompose en trois pour une position convenable de l'œil. C'est à l'image moyenne, qui est la plus nette, que correspondent les incidences inscrites dans le tableau.

$$v'e^3 \quad = 13°53' (58'.51.55.48.54) = \alpha$$

$$v'v_{861} \quad = 2°2' (2'.3.\bar{1}.\bar{1}.5) \qquad = \beta$$

$$v'd^2_{231} \quad = 33°20' (20'.21.19) \qquad = \gamma$$

$$v'v_{opp.} \quad = 27°4' (7'.2.3)$$

$$v'd^2_{adj.} \quad = 11°49' (45'.50.56.45)\,\text{approx.}$$

$$U'v_{861} \quad = 9°1' (4'.\bar{1}.0)\ \text{approx.}$$

$$U'e^3 \quad = 14°5' (2'.6.6)\ \text{approx.}$$

$$U'v_{081} \quad = 21°37' (36'.37.37).$$

Les faces e^3_{110}, $d^2_{3\bar{1}\bar{1}}$ et $L_{16.8.5}$ forment une zone $(5\bar{7}8)$. Les trois incidences représentées par α, β et γ sont sûres; elles ne peuvent servir à calculer les rapports des caractéristiques par la méthode ordinaire (p. 175), parce que l'une d'elles est une conséquence des deux autres. En effet, si l'on désigne respectivement par m, m', m'' les modules des faces e^3, v et d^2, on trouve facilement qu'entre les trois angles susdits se passe la relation :

$$\frac{m' \cos\beta + 2m'' \cos\gamma}{m \cos\alpha} = 3.$$

Cette relation peut servir à vérifier nos mesures. En y remplaçant α, β et γ par les valeurs mesurées, on trouve : 2,99852, ce qui prouve l'exactitude des mesures.

En partant des deux premières incidences, on trouve :
$$\frac{x}{y} = 1,32277, \quad \frac{z}{y} = 0,20784 \quad \text{et} \quad xyz = 127.96.20 = d^{\frac{1}{46}} d^{\frac{1}{13}} b^{\frac{1}{81}}.$$

Voici la correspondance pour cette notation et pour des notations voisines :

ANGLES.	CALCULÉS.									MESURÉS.
	1	2	3	4	5	6	7	8	9	—
	127.96.20	42.32.7	25.19.4	33.25.5	20.15.3	12.9.2	80.60.13	32.24.5	$v=861$	← Notations.
Avec $v = 864$	2°3'	2°40'	2°15'	1°42',5	1°19'	2°37'	2°21'	4°58'	0°	2°2' — 2°19'
» $v = 681$	27°10'	26°50'	26°55',5	27°3'	27°30',5	27°32',5	27°32'	27°31'	27°31'	27°4'
» c^3	13°53'	13°22'	13°36'	13°55'	14°22'	14°2'	14°7'	14°14'	14°59'	13°53' — 14°6
» $d^2 = 231$	33°13'	32°40',5	32°56'	33°17'	33°43',5	33°19'	33°25'	33°34'	34°23'	33°20'
» $d^2 = 321$	12°11'	11°51'	12°9',5	12°34'	12°26',5	11°30'	11°44'	12°5'	13°54'	11°49' appr. — 11°56'
» $p = 111$	37°13',5	36°36'	37°1'	37°37'	37°45'	36°45'	37°	37°23'	39°16'	
	$\frac{1}{d^{16}}\ \frac{1}{d^{15}}\ \frac{1}{b^{81}}$	$\frac{1}{d^{15}}\ \frac{1}{d^{5}}\ \frac{1}{b^{27}}$	$\frac{1}{d^{9}}\ \frac{1}{d^{5}}\ \frac{1}{b^{16}}$	$\frac{1}{d^{12}}\ \frac{1}{d^{4}}\ \frac{1}{b^{21}}$	$\frac{1}{d^{22}}\ \frac{1}{d^{7}}\ \frac{1}{b^{38}}$	$\frac{1}{d^{15}}\ \frac{1}{d^{4}}\ \frac{1}{b^{25}}$	$\frac{1}{d^{29}}\ \frac{1}{d^{9}}\ \frac{1}{b^{51}}$	$\frac{1}{d^{55}}\ \frac{1}{d^{11}}\ \frac{1}{b^{64}}$		← Notations.
log. M.	2,0664957	1,5872268	1,3610875	1,4806372	1,2620349	1,0415910	1,8651355	1,4666654		

Les notations 3, 6, 7 et 8 conviennent assez bien. Les faces 6, 7 et 8 se trouvent sur la zone $a'vF\Omega$ $(3x = 4y)$ qui est certainement développée dans ces cristaux; les faces 3 et 7 se trouvent sur la zone $d^{\overline{\frac{3}{2}}} e^{\overline{\frac{7}{3}}}$ $(\overline{7.5.20})$. On peut hésiter entre la notation 80.60.13 qui représente une face située à la fois sur les deux zones citées et 25.19.4 qui, tout en satisfaisant à la zone $d^{\overline{\frac{3}{2}}} e^{\overline{\frac{7}{3}}}$ (voir fig. 60), donne, avec plus de simplicité, une meilleure approximation. Nous choisissons $v' = 25.19.4 = d^{\overline{\frac{1}{9}}} d^{\overline{\frac{1}{3}}} b^{\overline{\frac{1}{16}}}$, dont le pôle se trouve à l'intersection des cercles de zone $d^{\overline{\frac{3}{2}}} e^{\overline{\frac{7}{3}}}$, $e^{2} d^{\overline{\frac{5}{3}}}$ $(\overline{2}23)$ et $d^{\overline{\frac{4}{3}}}_{741} n_{10.1.1} e^{\overline{\frac{7}{4}}}_{11.0.1} d^{1}_{1\overline{1}0} v''_{54.37.8}$ [1] $(1.1.\overline{11})$. Si l'on calcule les angles que font avec $d^{1}_{1\overline{1}0}$ les faces v' et v'', on trouve $76°55'24''$ et $74°50'15''$, de sorte que $v'v''=2°5'$. Les faces v, v' et v'' sont très voisines; outre la dernière incidence citée, on a : $vv'' = 2°33'$ et $vv' = 2°15'$.

Le pôle v' se trouve un peu à gauche et v'' un peu à droite du cercle de zone $a^1 \Omega Fv$: si l'on décrit avec a^1 comme pôle le parallèle passant par v, les pôles v' et v'' sont tous les deux à l'intérieur de ce parallèle et à peu près à la même distance de a^1 : $va^1 = 81°59'52''$, $v'a^1 = 79°49'50''$, $v''a^1 = 79°55'27''$.

On voit vers le milieu du cristal des facettes coupant e^3 suivant sa ligne de pente et par conséquent de la forme $b^{\overline{\frac{m}{n}}}_{L}$. En partant de $b^{\overline{\frac{m}{n}}}_{L} e^3 = 14°12'$, on arrive à $\dfrac{m}{n} = \dfrac{4,81656}{1,81656}$: très proche de $\Omega = b^{\overline{\frac{5}{2}}}_{L}$, cette face est mieux représentée par $\Omega' = b^{\overline{\frac{47}{17}}}_{L} = d^{\overline{\frac{1}{15}}} d^{\overline{\frac{1}{5}}} b^{\overline{\frac{1}{24}}}$ observée dans le premier gisement (p. 196). Quant à la seconde face, c'est $z = b^{4}_{L}$ observée aussi dans le premier gisement (p. 180).

---

[1] Voir page 240.

Face $U' = 38.33.1 = d^{\frac{1}{14}}\, d^{\frac{1}{31}}\, b^{\frac{1}{21}}$.

Nous avons dit que dans la plupart de ces cristaux le rhomboèdre antérieur coupait e^3 suivant une ligne se relevant vers ses extrémités; ce fait paraissait y accuser l'existence de scalénoèdres à angle sur p très obtus. L'un d'eux, que nous désignerons par U', n'a pu être déterminé approximativement que dans le cristal N° 200 dont nous nous occupons ; l'autre, que nous désignerons par U, a été rencontré dans plusieurs cristaux sous forme déterminable; il en sera parlé ci-dessous. En partant de $U'v_{861} = 9°1'$, $U'e^3 = 14°5'$, $U'v_{681} = 21°37'$, on arrive à : $\dfrac{x}{y} = 1{,}15255$, $\dfrac{z}{y} = 0{,}03276$. Pour vérifier nos angles, prenons les caractéristiques compliquées données par le calcul et essayons : $x = 35{,}178$, $y = 30{,}522$, $z = 1$, $log\ M = 1{,}5199863$: nous obtenons pour les angles susdits : $9°17'$, $14°15'{,}5$ et $21°43'{,}5$.

Voici le tableau de correspondance pour les notations essayées :

ANGLES	CALCULÉS					MESURÉS
	870	68.59.0	35.30 1	68.59.2	38.33.1	← Notations
Avec e^3	$15°39'$	$15°49'$	$14°32'$	$14°12'$	$14°21'$	$14°5'$
» v_{861}	$10°49'{,}5$	$10°33'$	$8°31'$	$9°13'$	$9°24'{,}5$	$9°1'$
» v_{681}	$21°56'$	$22°19'$	$22°17'$	$21°42'{,}5$	$21°43'{,}5$	$21°37'$
	$d^{\frac{1}{3}}\, d^{\frac{1}{2}}\, b^{\frac{1}{5}}$	$d^{\frac{1}{77}}\, d^{\frac{1}{50}}\, b^{\frac{1}{127}}$	$d^{\frac{1}{13}}\, d^{\frac{1}{8}}\, b^{\frac{1}{22}}$	$d^{\frac{1}{25}}\, d^{\frac{1}{16}}\, b^{\frac{1}{43}}$	$d^{\frac{1}{14}}\, d^{\frac{1}{31}}\, b^{\frac{1}{21}}$	← Notations.
log. M.	0,8779374	1,8060208	1,5159117	1,8062389	1,5536097	

Les deux dernières notations donnent une bonne concordance; la première de celles-ci représente une face située à l'intersection des zones $e^2\,e^{\overline{\frac{16}{11}}}$ $(\overline{2}29)$ et $e^{\overline{\frac{11}{5}}}\,e^{\overline{\frac{7}{5}}}_{041}$ $(3.\overline{4}.16)$; le pôle de la seconde se trouve à l'intersection des cercles de zone $d^1\,e^{\overline{\frac{19}{9}}}$ $(1.\overline{2}.28)$ et $e^2\,d^{\overline{\frac{6}{5}}}\,e_{\overline{\frac{1}{4}}}\,e^{\overline{\frac{3}{2}}}$ $(\overline{1}15)$.

Nous avons choisi la seconde notation à cause de sa simplicité.

$c)$ CRISTAUX PRÉSENTANT LA FACE :

$$U = 44.40.3 = d^{\overline{\frac{1}{13}}}\,d^{\overline{\frac{1}{11}}}\,b^{\overline{\frac{1}{20}}}.$$

Cette forme a, en général, ses deux faces antérieures très inégalement développées; souvent même l'on n'en aperçoit qu'une seule, qui paraît alors appartenir à un rhomboèdre; cependant elle fait avec les deux faces d^2 antérieures des angles différant entre eux d'environ 7°.

Dans le cristal N° 128, on a mesuré approximativement:

$$Ud^2_{\text{adj.}} \qquad = 21°40'\,(37'.\,41.\,41),$$
$$Ud^2 \text{ opp.} \qquad = 28°24'\,(22'.\,27.\,23),$$
$$Up \qquad = \begin{cases} 41°7'\,(7'.\,12.\,3) \\ 41°48'\,(48'.\,51.\,45) \end{cases}.$$

N° 262. $pb^3\,e^3\,d^2\,v\Omega LU.$

Dans le cristal précédent, la face e^3 n'existait pas et il était difficile de voir que U n'appartenait pas à la zone $a^1\,e^2_{110}$; ici, la face U qui est située à gauche coupe e^3 suivant une ligne très inclinée sur l'horizontale. On y a mesuré :

$$Ud^2_{\text{adj.}} = 21°56'\,(57'.\,55.\,57.\,56), \qquad Ud^2_{\text{opp.}} = 29°9'\,(8'.13.\,5),$$
$$Up \quad = 41°42', \qquad\qquad\qquad Ue^3 \quad = 11°23'\,(26'.20).$$

En partant des trois premières mesures, on obtient :
$\frac{x}{y} = 1{,}0625$, $\frac{z}{y} = 0{,}0937$, puis : $U = 44.40.3 = d^{\frac{1}{15}} d^{\frac{1}{11}} b^{\frac{1}{20}}$.

N° 30bis (fig. 62). $e^5 pd^2 vy'LU$.

Dans ce cristal, analogue à celui qui a été décrit page 295, nous avons trouvé les deux faces U développées simultanément. On y a mesuré : $Ud^2_{\text{adj.}} = 22°$ environ et $Uv = 10°17'$ (19'. 15. 25. 9. 15. 21. 16). Voici la correspondance relative à U et à la face voisine connue $\Xi = 34.32.3$.

ANGLES.	CALCULÉS.		MESURÉS.
	$U = 44.40.3$	$\Xi = 34.32.3$	
Avec d^2adj.	21°53',5	22°9'	21°56'
» d^2opp.	28°37',5	26°35'	29°9'
» p	41°28'	40°13'	41°42'
» v_{861}	9°35'	11°10'	10°17'
» e^5	11°7'	9°26'	11°23'

Le pôle U est donné par l'intersection du cercle $e^{\frac{11}{5}} d^1_{120} d^{\frac{6}{5}} y e^{\frac{5}{5}}$ $(\overline{2}.1.16)$, déjà dessiné dans Des Cloizeaux, avec le cercle $e^2 d^{\frac{7}{4}} e_{\frac{3}{2}}$ $(\overline{3}34)$.

Remarque sur les faces v', U, U'.

Nous avons étudié ces faces dans le cristal de troisième formation; cependant, très probablement, elles ont été engendrées postérieurement. Ces dépôts paraissent être venus former des facettes sur les arêtes d'intersection d'un rhomboèdre antérieur $e^{\overline{\frac{m}{}}}$ et d'un scalénoèdre $d^{\frac{p}{q}}$. On comprend que ces faces dues au dépôt peuvent être très nombreuses. En effet, comme nous avons constaté, dans ces cristaux de troisième formation, 6 faces rhomboédriques antérieures et 7 scalénoèdres de la forme $d^{\frac{p}{q}} \left(\frac{p}{q} < 2 \right)$, il s'ensuit, qu'en admettant même que chaque arête ne reçoive qu'une face de dépôt, on peut avoir à constater 42 faces différentes. Ainsi v' provient d'un dépôt sur l'arête $d^{\overline{\frac{3}{2}}} e^{\overline{\frac{7}{3}}} \left(e^{\overline{\frac{7}{3}}} + 3\, d^{\overline{\frac{3}{2}}} \right)$, U provient d'un dépôt sur l'arête $d^{\frac{7}{4}} e^2 \left(d^{\overline{\frac{7}{4}}} + 33\, e^2 \right)$, U' peut provenir d'une troncature de l'arête $e^2\, d^{\overline{\frac{6}{5}}}$. Nous citerons ici encore une face très voisine de v', observée dans le cristal N°128 (déjà étudié à propos de la face U) et qui provient probablement d'un dépôt sur l'arête $e^2\, d^{\overline{\frac{8}{5}}}$. On a mesuré :

Angle avec v $= 1°45'\ (59'.\,41.\,34.\,45)$,

» » $d^2_{\mathrm{adj.}}$ $= 12°8'\ (14'.\,10.\,0.\,7)$,

» » p $= 38°7'\ (5'.\,17.\,0)$.

De ces incidences, on tire :

$$\frac{x}{y} = 1{,}3643, \quad \frac{z}{y} = 0{,}202 \,;$$

puis :

$$xyz = 75.55.11 = d^{\frac{1}{28}}\, d^{\frac{1}{8}}\, b^{\frac{1}{17}},$$

ou plus simplement

$$20.15.3 = d^{\frac{1}{22}}\, d^{\frac{1}{7}}\, b^{\frac{1}{58}}$$

déjà cité dans le tableau de la page 302. Ainsi notée, cette face serait à l'intersection des zones $a'\Omega F v$ $(3x = 4y)$ et $e^2\, d^{\overline{\frac{8}{5}}}$ $(\overline{3}35)$. Correspondance :

ANGLES.	CALCULÉS.		MESURÉS
	75.55.11	20.15.3	
Avec v	$1°44'$	$1°19'$	$1°45'$
» d^2	$12°14'$	$12°26',5$	$12°3'$
» p	$38°12'$	$37°45'$	$38°7'$

Cristaux hémitropes du n° 49.

Les cristaux que nous venons de décrire sont souvent hémitropes, les uns par rapport à a' ou e^2, les autres par rapport à b'.

N° 483. *Hémitrope par rapport à e^2.* En désignant par a et b deux faces d^2 dont l'intersection est sur p dans l'un des individus et par a' et b' les faces analogues du second individu ($a = 321$, $b = 231$, $a' = 131$, $b' = \overline{1}21$), on a obtenu la correspondance suivante :

ANGLES	CALCULÉS	MESURÉS
ba'	$20°20'$	$20°56'$
bb'	$55°40'$	$56°1'$
aa'	$55°40'$	$55°41'$
ab'	$88°25'$	$89°49'$

N° 484. *Plan d'hémitropie* e^2. $pb^{\frac{17}{3}}\ b^{\frac{9}{2}}\ b^1\ d^2\ e^{\frac{7}{3}}\ e^{\frac{9}{4}}$ ...... $e^2\ Lv$. Beau cristal presque limpide ayant 25 millimètres de hauteur.

ANGLES	CALCULÉS	MESURÉS
pp hém.	90°46′	90°10′
ba^1	20°20′	20°8′ et 20°50′
bb^1	55°40′	55°43′ et 55°43′ incert.

Plan d'hémitropie b^1. Fréquente. Les cristaux formant la macle sont souvent différents entre eux; l'un d'eux est $S'e^3\,e^{\frac{11}{5}}$ inaltéré, tandis que l'autre est entièrement recouvert par le cristal de troisième formation $d^6\ d^2\ e^3\ pb^5\ L$.... Dans le N° 88, une mesure exacte a donné $pp_{\text{hém}} = 37°25'$; dans un autre assemblage on a trouvé $pp_{\text{hém}} = 38°28'$. Cet angle est de 38°16′24″ lorsque le plan d'hémitropie est b^1, et de 37°1′25″ si, au contraire, la face e^5 était commune aux deux cristaux (voir page 255).

N° 50.

1° Cristaux ressemblant à ceux du N° **48**; seulement les faces du biseau sont fort développées et, comme elles sont arrondies, les cristaux ont l'aspect conique. Le biseau, toujours de la forme $e_{\frac{m}{n}}$, a pour notation approximative $e_{\frac{1}{2}}$ (angle sur $e^1 = 30°$ environ). Notation appro-

ximative $d^2\,e^3\,e^2\,e^{\frac{1}{2}}\,e_{\frac{1}{2}}$.

2° Dans le cristal N° 131 on voit un petit isocéloèdre L à l'intérieur d'un des cristaux arrondis dont nous venons de parler. Plus loin, on aperçoit un petit cristal montrant les faces P, V, (page 274) surmonté par un scalénoèdre à faces arrondies.

Appendice aux cristaux du second gisement. — Les échantillons provenant du second gisement sont caractérisés par la fréquence des groupes de cristaux de sperkise péritome presque toujours altérée et transformée en hématite. Dans le premier gisement, au contraire, le bisulfure de fer est rare et se montre sous forme de pyrite quelquefois transformée aussi en hématite [1].

Dans des échantillons qui proviennent certainement du second gisement à cause de leur aspect particulier et de la présence de la sperkise, nous avons rencontré de beaux et grands cristaux rhomboédriques ayant pour forme dominante e^3 modifié par le biseau d^2; outre e^2 et d'autres faces rhomboédriques, plus ou moins bien développées, citées ci-après, il existe sur e^1, entre les faces d^2, un biseau dont les faces sont en général mal développées et semblent, dans la plupart des cas, se réunir en une face e^1 courbe [2]. Dans un premier cristal, on est parvenu à mesurer approximativement l'angle de la face du biseau avec d^2 adjacente $= 27°17'$ (20'. 28. 12. 5. 18). Dans le cristal N° 1725, on a pu mesurer le même angle successivement sur les deux faces du biseau;

[1] Nous avons trouvé deux cubo-octaèdres parfaits, d'environ 1mil.5 de côté, transformés en hématite.

[2] Ce biseau est dû probablement à un dépôt postérieur effectué sur le cristal rhomboédrique.

on a obtenu : 27°22′ (24′. 22. 21. 14. 28) et 27°27′ (37′. 27. 35. 31. 25). Ces incidences montrent que notre scalénoèdre est intermédiaire entre :

$$\Theta = 924 = d^{5} \, d^{\overline{5}} \, b^{\overline{1}} \quad \text{et} \quad h = 20.4.9 = d^{\overline{11}} \, d^{\overline{7}} \, b^{\overline{9}} \; (^{1}),$$

formes pour lesquelles l'angle cité est respectivement de 26°45′ et 27°57′; elle correspond parfaitement à la notation $\left(e_{17} \over \overline{2}\right)_{e^1} = 38.8.17 \; (^{2}) = d^{\overline{21}} \, d^{\overline{15}} \, b^{\overline{17}}$, qui donne pour l'angle en question 27°23′. Vu le peu de précision dont les mesures sont susceptibles, nous avons noté h ce scalénoèdre.

Les combinaisons constatées dans ces cristaux rhomboédriques, sont : $e^{5} \, d^{2} \, e^{\overline{7}} \, e^{2} \, h$ et $e^{5} \, d^{2} \, c^{\overline{5}} \, e^{\overline{7}} \, h \; (^{3})$.

(¹) Cette forme a été signalée par M. Sansoni, à Andreasberg (*loc. cit.*, page 42, fig. 29), puis à Blaton (*loc. cit.*, page 295) : elle correspond à une modification simple du rhomboèdre e^1; en appliquant les formules de la note qui suit, on trouve : 23) 4.9 $= \left(e_9\right)_{e^1}$.

(²) La face d'un biseau placé sur les arètes culminantes latérales du métastatique vérifie la relation $2h - k - 4l = 0$; si on la rapporte au rhomboèdre c^1 pris pour forme primitive (voir page 171), on obtient :

$$h \, k \, l = \left(e_{4\,l} \over \overline{k}\right)_{e^1} , \quad \text{ou} \quad \left(d^{m} \; d^{\overline{n}} \; b^{\overline{m+n}}\right)_{p} = \left(c_{2\,\frac{m+n}{m-n}}\right)_{e^1} .$$

Inversement, ces formules peuvent s'écrire :

$$\left(c_{m} \over \overline{n}\right)_{e^1} = 2\,(m+n). \, 4n. \, m = d^{\overline{m+2n}} \; d^{\overline{m-2n}} \; b^{\overline{m}}.$$

Les formes connues dans la zone que nous examinons sont très nombreuses; citons ici : $\alpha = \left(e_3\right)_{e^1}$, $\gamma = \left(e_4\right)_{e^1}$, $\pi = \left(e_5\right)_{e^1}$, $\rho = \left(e_6\right)_{e^1}$, $\omega = \left(e_7\right)_{e^1}$, $\Theta = \left(e_8\right)_{e^1}$, $h = \left(e_9\right)_{e^1}$, $T = \left(e_{10}\right)_{e^1}$, $T' = \left(e_{12}\right)_{e^1}$ (voir p. 279), $X = \left(e_{24}\right)_{e^1}$.

(³) Le rhomboèdre $e^{\overline{7}} = 22.22.1$ a été déjà signalé dans le 1ᵉʳ gisement (page 191). Ici on a obtenu $pe^{\overline{7}} = 42°45′$ (48′. 44. 48. 40. 47). Calculé : $pe^{\overline{7}} = 42°45′$ et $pe^{\overline{9}} = 43°19′$.

Dans les mêmes géodes, on trouve des pseudo-prismes, souvent volumineux, répondant à la notation :

$$e^{\frac{9}{4}}\ e^{\frac{11}{6}}\ d^2\ e^5\ e^{\frac{1}{2}}\ hb^1.$$

Les cristaux rhomboédriques et pseudo-prismatiques que nous venons de décrire sont évidemment de formation relativement récente ; la section horizontale montre, dans beaucoup d'entre eux, un noyau central plus clair. Après beaucoup de recherches nous sommes parvenu à trouver un échantillon (N° 19) dans lequel on aperçoit des isocéloèdres L incolores et réfléchissants au sein de rhomboèdres incomplètement fermés. Les cristaux examinés dans cet appendice sont donc de deuxième formation et vérifient la loi énoncée page 260, le rhomboèdre e^5 résultant des troncatures b^1_L des arêtes b de l'isocéloèdre.

Cristaux du marbre noir.

Les cristaux décrits dans les pages précédentes ont été rencontrés dans le calcaire hydraulique de Rhisnes ; ceux desquels nous allons dire quelques mots se trouvent dans le calcaire noir, exploité comme marbre. Ces derniers cristaux sont peu intéressants, si l'on en excepte de belles macles avec b^1 pour plan d'hémitropie : l'isocéloèdre est disparu ; on n'a pu que le constater dubitativement à l'intérieur de deux petits cristaux $d^2\ e^2\ e^3$. On peut rapporter les cristaux du marbre noir à trois types différents :

1° $e^2\ d^2\ e^1\ e^3$.

N° 410. Beaux cristaux limpides ayant en moyenne 5 millimètres de hauteur ; leurs faces, sauf e^2, sont nettes et réfléchissantes.

2° $e^2\ \pi'\ \beta'$ ou $e^2\ \pi'\ e_{\frac{1}{3}}$.

N° 3202. Cristaux formés du prisme e^2 terminé par un scalénoèdre inverse provenant d'un biseau sur les arêtes courtes du métastatique : en outre, entre les faces de ce scalénoèdre et les faces e^2 latérales se trouvent des facettes triangulaires courbes; les arêtes d'intersection de ces dernières avec les faces du scalénoèdre de terminaison sont vaguement dessinées. Ces cristaux ont jusqu'à 10 millimètres de hauteur; leurs faces ternes et courbes ne permettent que des mesures plus ou moins grossières, en se servant de lamelles de mica. La forme qui se rapproche le plus des mesures données par le scalénoèdre terminal est $\pi' = \left(\dfrac{e_{11}}{3}\right)_{e^1} = 17.6.7 = d^{\overset{1}{\overline{1}}}\, d^{\overset{1}{\overline{10}}}\, b^{\overset{1}{\overline{7}}}$ signalée à Blaton par M. Sansoni ([1]). Quant aux facettes triangulaires, les mesures conduisent toujours approximativement à $\dfrac{y}{z} = 2$, c'est-à-dire qu'elles appartiennent à la zone $d^2\, e^2_{\text{lat.}}$; elles se rapportent approximativement tantôt à $e_{\frac{1}{3}} = 621 = d^2 + 3\,e^2$, tantôt à $\beta' = 14.6.3$ ([2]) $= d^{\overset{1}{\overline{5}}}\, d^{\overset{1}{\overline{23}}}\, b^{\overset{1}{\overline{19}}}$.

Nous croyons que ces cristaux sont de formation plus récente que ceux du premier type, autour desquels ils sont probablement venus se former, en suivant la loi indiquée page 260 : le dépôt a produit un biseau sur l'arête courte $d^2\,d^2$ et une troncature sur l'arête $d^2\,e^2_{100}$.

C'est parmi ces cristaux que l'on trouve la dolomie en rhomboèdres selliformes et le quartz en beaux cristaux limpides, que nous avons signalés à la Société Géologique de Belgique ([3]).

[1] *Loc. cit.*, page 295.

[2] La face β' a été signalée par M. Sansoni à Andreasberg (*loc. cit.*, page 28, fig. 10). Elle est située entre β et ψ; on ne peut la faire coïncider avec β, de laquelle cependant elle s'approche beaucoup, car $\beta,\beta' = 1°8'11''$ (voir page 334).

[3] Tome XIV, page CXLIII.

3° $d^2 e^2 \alpha \xi$.

Les cristaux du troisième type paraissent être le passage du premier au deuxième. Les faces d^2 du premier type y subsistent encore et les formes $\left(\dfrac{e_m}{n}\right)_{e^1}$ et $\left(a^2 + m\, e^2_{100}\right)$ ne forment que des biseaux ou troncatures. Cependant les mesures assez exactes qu'on a pu prendre dans l'un de ces cristaux, montrent que les faces modifiantes diffèrent de celles observées dans les cristaux du deuxième type. Ces cristaux sont ordinairement maclés : on arrive facilement à détacher les deux individus formant la macle; le plan de jonction est réfléchissant et possède vers le milieu des stries assez profondes parallèles à son intersection avec p; il fait avec le clivage un angle de 70°41' : c'est donc b^1. La fig. 63 représente une de ces macles (N° 1200) mesurant environ 25 millimètres de longueur entre les sommets culminants des deux individus; les facettes modifiantes sont bien dessinées mais ternes; en général, elles ne peuvent fournir aucune mesure. Dans le fragment N° 20 on a pu mesurer assez exactement :

$$d^2\alpha = 11°28' \ (26'.\ 28.\ 33.\ 32.\ 27.\ 39.\ 11.\ 24.\ 30.\ 33),$$

$$d^2\xi = 11°13' \ (19'.\ 13.\ 20.\ 13.\ 12.\ 11.\ 12.\ 10.\ 11.\ 11).$$

La seconde mesure correspond à l'isoscéloèdre

$$\xi = 421 = d^{\overline{7}}\, d^{\stackrel{1}{1}}\, b^{\overline{5}}\ (d^2\xi = 11°19');$$

quant à la première, elle peut se rapporter soit à l'isoscéloèdre $\alpha = 843 = d^{\overline{5}}\, d^{\stackrel{1}{1}}\, b^{\overline{5}}$, soit au scalénoèdre $\varkappa = 13.6.5 = d^{\overline{8}}\, d^{\overline{2}}\, b^{\overline{5}}$, qui donnent respectivement 10°26' et 12°49' pour l'angle avec d^2. Observons que l'intersection des faces modifiantes paraît sensiblement horizontale (¹). Or, l'angle φ que l'intersection xyz de deux faces fait avec le plan horizontal est donné par la formule:

$$tg\varphi = \frac{z}{\sqrt{x^2 + y^2 + xy}} \cdot \frac{c}{a} \; ;$$

dans le cas où les faces modifiantes étaient notées ξ et $\varkappa$, leur intersection devrait faire un angle de 15°41' avec le plan horizontal.

Remarque. — Le rhomboèdre e^1, qui est si commun dans les autres gisements, est très rare à Rhisnes. Dans le calcaire hydraulique, nous ne l'avons trouvé qu'en facettes modifiantes peu étendues et, en général, peu nettes. Dans le marbre noir nous avons trouvé un échantillon portant de petits rhomboèdres e^1 jaunâtres, servant parfois de terminaison aux cristaux du premier type.

(¹) Lévy cite page 65 et représente fig. 98, pl. VII, un cristal ayant identiquement la même forme que les nôtres, provenant du Derbyshire ; nous pensons seulement qu'il doit y avoir erreur soit dans la figure soit dans la notation. En effet, la face inférieure est ξ et la face supérieure est notée $d^{\frac{1}{3}} d^{\frac{1}{7}} b^{\frac{1}{5}} = 12.4.5$; l'arête d'intersection de ces deux faces fait un angle de 43°28' avec le plan horizontal, tandis qu'elle paraît avoir été dessinée, par Lévy, sensiblement horizontale.

Combinaisons constituant les cristaux de la Calcite de Rhisnes (¹).

Premier Gisement.

Isoscéloèdre L modifié par p, a^1, b^1, e^2, e^3, $e^{\frac{1}{2}}$, $e^{\frac{4}{3}}$, d^1, d^2, $e_{\frac{3}{2}}$, $e_{\frac{9}{5}}$, ω.

L

$Lp \quad Lb^1 \quad Ld^2$

$Lpa^1 \quad Lpb^1 \quad Lpe^1 \quad Lpd^2$ ××

$Ld^2e^2 \quad d^2Le^3 \quad Ld^2e^1$ × $\quad Ld^2e^{\frac{1}{2}}$

Ld^2b^1 × $\quad Ld^1e^2$

$Lpa^1b^1 \quad Ld^2e^2e^3 \quad d^2Le^2e^1.$

$Ld^2e^2e^{\frac{1}{2}}$ × $\quad Ld^2e^2d^1 \quad Ld^2e^{\frac{4}{3}}e^1$

Ld^2pb^x ×× $\quad Ld^2e^{\frac{1}{2}}p$ · $\quad Lpa^1e^{\frac{1}{2}}.$

$Lpa^1\underline{e^3} \quad Lpa^1e^1$

$Lpa^1e^1\omega \quad Lpd^2a^1b^1 \quad Ld^2e^2e^3e^1$

$Lpa^1b^1e_{\frac{3}{2}}e_{\frac{9}{5}} \quad Lpa^1e^1d^2\omega$

$pd^2L\underline{a^1d^1e^2}e^3$

Cristaux portant z.

$Lzc \quad Lzc''p$

Cristaux portant S.

$Ld^2S \quad Ld^2S\Phi \quad Ld^2S\Phi M$

$Ld^2S\Phi e^2, \quad Ld^2e^2e^3\Phi M$

$d^2S\Phi e^{\frac{7}{5}}p \quad d^2S\Phi e^{\frac{7}{5}}e^{\frac{15}{7}}$

$d^2Sye^{\frac{7}{5}}p \quad d^2S\Phi e^{\frac{7}{5}}pe^{\frac{20}{7}}$

$d^2S\Phi e^{\frac{7}{5}}pe^{\frac{20}{7}}a^1$

$d^2Spe^{\frac{7}{5}}e^1e^{\frac{4}{3}}e^{\frac{7}{3}}e^{\frac{17}{10}}e^2$

Cristaux portant S'

$LS' \quad LS'c'' \quad LS'cc''$

$S''d^2e^{\frac{5}{3}}\Phi e^2$

Cristaux portant S''

$LS''c \quad LS''c' \quad LS''c''$

$LS''c''p$

(¹) Toute notation soulignée indique une face rudimentaire ; le signe × indique une face mal développée dans la combinaison considérée ; le signe · est placé en dessous d'une face de notation incertaine. Lorsque l'on n'a pu examiner qu'un fragment du cristal, la notation se termine par plusieurs points ; s'il n'y a qu'un seul point de terminaison, c'est qu'il y a des faces indéterminables dans le cristal considéré.

Cristaux portant S''.

$Ld^2 S'''$ $Ld^2 SS'''\Phi$

$S''' \overset{7}{e^5}\, d^2$....

Cristaux portant S^{IV}.

$LS^{\text{IV}} d^2$ $LS^{\text{IV}} d^2 \Phi M$

$S^{\text{V}} d^2 \overset{7}{e^5}\, M$.....

Cristaux portant $d^{\overset{3}{\overline{2}}}$.

$Ld^2 d^{\overset{3}{\overline{2}}}$ $Ld^{\overset{3}{\overline{2}}}\, d^1$..... $Ld^{\overset{3}{\overline{2}}}\, d^2 b^1$ ×

$Ld^{\overset{3}{\overline{2}}}\, d^2 p a^1 e^1 e^2$

$d^{\overset{3}{\overline{2}}}\, pe^2$ $d^{\overset{3}{\overline{2}}}\, pe^2 e^3$ $d^{\overset{3}{\overline{2}}}\, pe^2 e^3 d^2$

$d^{\overset{3}{\overline{2}}}\, pe^2 e^3 d^2 e^1$ $d^{\overset{3}{\overline{2}}}\, pe^2 e^3 d^2 a^1$

$d^{\overset{3}{\overline{2}}}\, pe^2 \overset{7}{e^5}\, \overset{4}{e^2}\, d^2$ $d^{\overset{3}{\overline{2}}}\, d^4 b^1 e^2 \overset{4}{e^2}\, \overset{9}{e^5}$

$d^{\overset{3}{\overline{2}}}\, d^2 d^4 e^3 pe^2$ $d^{\overset{3}{\overline{2}}}\, d^2 \overset{7}{e^5}\, \overset{7}{e^4}\, \overset{6}{e^{11}}\, pa^1$

Cristaux portant d.

dpL × $dd^2 pL$ × $Ldpd^1$ ×

$dp b^5 L$ × $Ldd^1 pe^2$

$Ldp b^5 e^2 d^1$ $dd^{\overline{7}}\, d^2 pL$ ×

Cristaux portant Ω, Ψ; l, $\overset{7}{e_5}$.

$d^2 Lpe^5 \Omega \overset{1}{e^2}\, \overset{4}{e^3}\, \overset{5}{e^3}\, \overset{7}{e^4}$

$Lc\Psi$ $Lpa^1\Psi$ $LS'c''\Psi$

Lpl.... $Lld^2 e_5$ $Ld^2 e^2 l \overset{7}{e^5}\, M$

$d^{\overset{3}{\overline{2}}}\, d^2 \overset{7}{e^5}\, lpe^1 \overset{6}{e^{11}}$.

Cristaux portant Φ.

$Ld^2 \Phi$ $Ld^2 \Phi e^2$ $Ld^2 \Phi e^2 e^3$

$Ld^2 \Phi e^2 e^3 p$ $Ld^2 \Phi e^2 e^3 M$....

$Ld^2 S\Phi pb^1$....

Cristaux portant R, y, C, F, I, i, v, v'', A.

$\overset{4}{e^3}\, d^2 e^1 \overset{1}{e^2}\, p \overset{3}{d^2}\, R$

$\overset{4}{e^3}\, d^2 e^1 e^3 pa^1 Rx^1$

$d^2 Sy \overset{7}{e^5}\, e^2 \overset{7}{e^3}\, p$

$d^2 e^2 \overset{4}{e^3}\, pe^2 \overset{1}{y}\, \overset{7}{e^5}$ .....

$d^2 \overset{7}{e^5}\, e^2 C$....

$SC \overset{4}{e^3}\, e^2 d^2$

$d^2 LF$

$d^2 LIi$ $d^2 LIie^{\overline{2}}\, pe^1$

$Ld^{\frac{3}{2}}d^2Ii \qquad Ld^2e^2e^5Ii$

$e^2b^1pd^2v$

$e^5d^2c^2v'' \qquad e^5d^2e^2e^{\frac{19}{9}}v''....$

$e^5d^2c^2v''pb^x$

$d^2e^2A \qquad d^2e^2Ad^2\,\overset{3}{e^5}$

$d^2e^2A\underline{d}^{\frac{3}{2}}e^5\underline{p}$

Autres combinaisons dans lesquelles p ou d^2 domine.

$d^2 \quad pd^2 \quad d^2e^2 \quad d^2b^1$

$pd^2e^2 \quad d^2pe^1 \quad d^2e^{\cdot}e^{\frac{1}{2}} \quad d^2pe^1....$

$d^2pc^2e^{\frac{1}{2}} \quad d^2pe^2b^x \quad d^2pe^2e^3$

$d^2pe^2e^5e^1e^{\frac{4}{5}}e^{\frac{5}{5}}a^1e^{\frac{1}{2}}$

$pe^5e^2d^{\frac{3}{2}}d^2d^{\frac{5}{3}}d^x$

$pd^2d^{\frac{7}{4}}d^{\frac{3}{2}}a^1e^2e^5$

ASSEMBLAGES.

L terminé par :

$d^2e^2,\quad d^2p,\quad d^2e^2e^1e^{\frac{1}{2}}$

$Ld^2,\quad Ld^2e^2,\quad \Phi d^2e^2$

$Ld^2e^2e^5,\quad Ld^2e^2e^5\Phi$

$Ld^2e^2e^5p,\quad Ld^2e^2e^5e^1$

Lpa^1 enveloppé par $d^2Le^1b^1$.

$e^2\Phi$ formé autour de L

$S'Lc$ terminé par $e^2d^2e^3$

$S'Lc$ id. $d^2Le^2e^3$

$Le^{\frac{1}{2}}a^1$ id. $e^1Ld^2e_{\frac{m}{n}}\left(\frac{m}{n}>1\right)$

Lzd^2 id. $d^2Le^2\Phi e^3$

Triples assemblages :

$(L)\,(d^2e^2)\,(e^2d^2e^5.)$ (¹)

$(L)\,(d^2e^2e^5.)\,(e^2d^2e^5e^1.)$

L terminé par $e^2d^2b^x$; on aperçoit le scalénoèdre à l'intérieur du cristal prismatique.

$(L)\,(d^2e^2e^{\frac{3}{2}}\Phi\Omega'd^{\frac{8}{5}})\,(e^2d^2pe^3).$

Le cristal de troisième formation a quelquefois pour notation :

$e^2d^2e^1e^5p \qquad \text{ou} \qquad e^2b^{\frac{7}{5}}d^2e^1e^5$

CRISTAUX HÉMITROPES.

Plan d'hémitropie a^1.

$L\ Lp\ Ld^2\ Lpa^1\ Ld^2e^2$

$Lpb^1\ Lz\ Ld^{\frac{3}{2}}d^2\ Lpa^1b^1$

$Ld^2e^2e^5\ Ld^2\Phi Ii.\ d^2Se^{\frac{7}{5}}\Phi$

(¹) Les quantités entre parenthèses sont les symboles des cristaux formant l'assemblage ; le plus ancien est celui qui est écrit en premier lieu.

$Sd^2a^1pe^1e^{\frac{7}{5}}e^{\frac{4}{3}}e^{\frac{17}{10}}e^2$

$Ldd^2pe^2b^1 \quad dd^1pb^1e^2e^1e^3Ld^2$

$d^2pLle^{\frac{7}{5}}Me^2a^1 \quad d^{\frac{3}{2}}d^2e^2e^3A$

$Sd^2e^{\frac{7}{5}}pe^{\frac{1}{2}} \quad d^2pe^2e^5$

Grands cristaux grossiers :

$b_L^{\frac{m}{n}}e^2d^2\Phi, \quad d^{\frac{3}{2}}d^2pe^2e^3$

Ld^2li à l'int. de $Se^{\frac{7}{5}}e^2$.

Double hémitropie par rapport à a^1.

$Ld^2e^2 \quad Ld^{\frac{3}{2}}e^2d^1d^2e^3$

Plan d'hémitropie e^2

$Ld^2 \quad Lp$

Plan d'hémit. a^1 et e^2. [1]

$Lp-Lp$ hém. a^1, Ld^2-Lp doub. hém. a^1, L hém. $a^1-Le^2\,\Phi d^2$. hém. a^1

Plan d'hémitropie e^1.

$L \quad Lpa^1 \quad d^2d^{\frac{3}{2}}e^5e^{\frac{7}{3}}e^2e^{\frac{1}{2}}$

Plan d'hémitropie b^1.

$d^2 \quad d^2pa^1$

Second Gisement.

N° 45.

$(PV.)\,(Le_3e^{\frac{5}{3}})$

$(PV.)\,(Le_3e^{\frac{5}{3}}e^{\frac{3}{2}})$

$c^1e^{\frac{6}{13}}e^{\frac{1}{2}}a^1e^{\frac{7}{4}}T''$

$e^1T''e^{\frac{7}{4}}$ portant un cristal prismatique sur chaque angle.

N° 46.

$e^{\frac{11}{5}}d^2e^{\frac{1}{2}}b^1 \quad e^3e^2d^2$

N° 47.

$d^{\frac{7}{4}}d^2e^5e^2 \quad d^{\frac{8}{5}}d^{\frac{7}{4}}d^{\frac{3}{2}}e^3e^2e^{\frac{3}{5}}$

$d^{\frac{7}{4}}d^2e^2e^{\frac{3}{5}}$

N° 48.

$e^3d^2d^{\frac{8}{5}} \quad Lpa^1 \quad Ld^2pa^1$

$Lb_L^{\frac{m}{n}}$

N° 49.

L à l'intérieur de $S'e^5e^{\frac{11}{5}}$,

(¹) Les deux cristaux dont les notations sont jointes par un trait horizontal sont en position hémitrope par rapport à e^2.

qui est à son tour enveloppé partiellement par un des cristaux suivants :

$d^2pb^5e^5vy'e^2L$

$d^2pe^5\,SLvy'\,\overset{7}{\overline{e^5}}$

$d^2pe^5Lvy'U.$

$a^2\,\overset{3}{\overline{a^2}}\,p'b^5e^3\,\overset{7}{\overline{e^5}}\,Lvv'$

$d^2pb^5e^5v\Omega LU$

$a^2pb^2a^5v\,\overset{11}{\overline{e^5}}\,\overset{9}{\overline{e^4}}\,\overset{7}{\overline{e^3}}\ldots e^2$

$a^2e^5\,\overset{11}{\overline{e^5}}\,\overset{11}{\overline{e^6}}\,\overset{79}{\overline{e^{11}}}\,e^2vv'FL$

$d^2pb^5\,\overset{7}{\overline{e^5}}\,e^2Le^5v\Omega$

$d^2pb^5e^5e^2\,\overset{8}{\overline{a^5}}\,vv'yLz\Omega'U'$

$p\,\overset{17}{\overline{b^3}}\,e^3\,\overset{9}{\overline{e^4}}\,e^2d^2$

$d^2pb^5e^5\,\overset{9}{\overline{e^5}}\,\overset{17}{\overline{e^7}}\,\overset{19}{\overline{e^8}}\,\overset{5}{\overline{d^5}}\,vy'LF$

$d^2pb^5b^2\,\overset{7}{\overline{e^5}}\ldots Lv$

$d^2p\,\overset{17}{\overline{b^3}}\,\overset{8}{\overline{d^5}}\,vv'Ly$

$d^6pd^2e^5.$

$d^2p\,\overset{17}{\overline{b^3}}\,v\Omega L\,\overset{7}{\overline{e^3}}\,\overset{11}{e^6}y'$ ×

N° 50.

$d^2e^2e^5\,\overset{1}{\overline{e^2}}\,e_{\frac{1}{2}}$ quelquefois terminant L.

Appendice.

L dans e^5

$e^3d^2\,\overset{7}{\overline{e^5}}\,e^2h$

$e^3d^2\,\overset{7}{\overline{e^5}}\,\overset{15}{\overline{e^7}}\,h$ ×

$e^3d^2\,\overset{9}{\overline{e^4}}\,\overset{11}{e^6}\,b^1\,\overset{1}{\overline{e^2}}\,h$ × ×

CRISTAUX HÉMITROPES

Plan d'hémitropie a^1.
$d^2e^2e^5\quad S'e^5vv'd^2yL.$

Plan d'hémitropie e^2.
$p\,\overset{17}{\overline{b^5}}\,\overset{9}{\overline{b^2}}\,b^1d^2\,\overset{7}{\overline{e^5}}\,\overset{9}{\overline{e^4}}\,\overset{11}{\overline{e^6}}\ldots e^2Lv$

Plans d'hémit. a^1 et e^2.
$e^3d^2e^2\,\overset{8}{\overline{d^5}}$

$S'e^5\,\overset{11}{\overline{e^5}}\,$rec. par $a^2e^5vv'y'\,\overset{m}{\overline{b^4}}$ [1]

Plan d'hémitropie b^1.

$S'e^5\,\overset{11}{\overline{e^5}}.$ Un seul des individus est recouvert par $d^6d^2pe^5b^5L.$

[1] Voici la constitution de cet assemblage (N° 161). Le cristal principal, qui a environ 70 millimètres de hauteur, porte incrustés sur ses angles latéraux de gauche et de droite des cristaux qui paraissent avoir des plans d'hémitropie e^2 communs avec la partie supérieure du cristal principal et des plans a^1 communs avec la partie inférieure de ce dernier. Les cristaux portés par le cristal principal ont environ 25 millimètres de hauteur.

APPENDICE.

APPENDICE.

Nous allons donner dans cet Appendice :

1° Les notations, les rapports des caractéristiques et les modules (voir p. 169) des faces connues de la calcite.

2° Une classification de ces différentes formes en les rapportant au rhomboèdre sur les arêtes duquel elles constituent un biseau, ou, dans le cas où ce rhomboèdre n'existe pas, en les rapportant au rhomboèdre résultant de la troncature de certaines arêtes culminantes de la forme considérée.

3° Les formules détaillées pour passer de la notation d'une face rapportée à deux axes binaires et à l'axe ternaire à celle de la même face rapportée aux arêtes du rhomboèdre de clivage.

Nous donnons, pour finir, quelques exemples pour montrer la façon de se servir de nos tables.

Nous avons ajouté aux formes renseignées dans le *Manuel* de M. Des Cloizeaux, celles de la calcite d'Andreasberg décrites par M. Sansoni, quelques formes de Blaton trouvées par le même cristallographe et enfin les formes observées par nous à Rhisnes ou dans d'autres localités belges. Dans ce Mémoire nous avons déjà, pour chaque forme de Rhisnes, renseigné deux ou plusieurs cercles de zone sur lesquels se trouve le pôle d'une de ses faces; on peut donc les ajouter facilement sur la projection stéréographique de M. Des Cloizeaux. Pour compléter cette projection, nous allons d'abord énumérer les autres formes nouvelles et indiquer les cercles à tracer pour les placer sur la projection.

Calcite d'Andreasberg.

Les nouveaux rhomboèdres signalés, tous inverses, sont :

$$a^{\overset{4}{13}} = 3.0.10, \quad a^{\overset{1}{4}} = 103, \quad e^{\overset{17}{22}} = 13.0.9, \quad e^{\overset{15}{14}} = 905, \quad e^{\overset{17}{10}} = 901,$$

$$e^{\overset{19}{11}} = 10.0.1, \quad e^{\overset{25}{14}} = 13.0.1, \quad e^{\overset{49}{26}} = 25.0.1.$$

Les scalénoèdres de la forme $b^{\overset{m}{n}}$ sont :

$$b^{14} = 14.13.15, \quad b^{10} = 10.9.11, \quad b^{\overset{13}{2}} = 13.11.15, \quad b^{\overset{9}{2}} = 9.7.11.$$

Les scalénoèdres de la forme $d^{\overset{m}{n}}$ sont :

$$d^{\overset{19}{3}} = 22.19.6, \quad d^{\overset{19}{5}} = 24.19.14, \quad d^{\overset{9}{5}} = 14.9.4, \quad d^{\overset{7}{5}} = 12.7.2,$$

$$d^{\overset{25}{17}} = 40.23.6, \quad d^{\overset{9}{7}} = 16.9.2, \quad d^{\overset{17}{15}} = 32.17.2 \text{ et } d^{\overset{9}{8}} = 17.9.1.$$

Les formes $d^{\overset{17}{15}}$ et $d^{\overset{9}{8}}$ sont très voisines de $d^{\overset{8}{7}}$ connue. On a, en effet :

$$d^{\overset{8}{7}} \ d^{\overset{8}{7}} \text{ sur } d^{1} = 9°56'46''$$

$$d^{\overset{17}{15}} \ d^{\overset{17}{15}} \quad \text{\textquotedbl} \quad = 9°19'38'' \text{ (}^{1}\text{)}$$

$$d^{\overset{9}{8}} \ d^{\overset{9}{8}} \quad \text{\textquotedbl} \quad = 8°46'51''$$

de sorte que :

$$d^{\overset{8}{7}} \ d^{\overset{17}{15}} = 0°18'34'' \quad \text{et} \quad d^{\overset{17}{15}} \ d^{\overset{9}{8}} = 0°16'23''.$$

Il nous semble que les deux scalénoèdres d'Andreasberg

(¹) Les angles sur p et sur e^{1} sont de 63°56',5 et de 55°42' au lieu de 63°52' 55°39' comme il est mis dans le texte (Sansoni, page 35).

peuvent se rapporter à $\overset{8}{d^{\overline{7}}}$; le second n'est pas très bien développé; (¹) quant au premier, voici la comparaison :

ANGLES	CALCULÉS		MESURÉS (*Sansoni.*) (page 35)
	$\overset{8}{d^{\overline{7}}}$	$\overset{17}{d^{\overline{15}}}$	
Sur p	64°11′	63°56′,5	63°38′ — 63°58′
Sur e^4	55°26′	55°42′	55°30′ — 55°53′
Sur d^1	9°57′	9°49′,5	9°11′ — 9°23′

$\overset{19}{d^{\overline{15}}}$ est voisin de $\overset{11}{d^{\overline{5}}}$, $\overset{9}{d^{\overline{5}}}$ de $\overset{7}{d^{\overline{4}}}$, $\overset{7}{d^{\overline{5}}}$ et $\overset{25}{d^{\overline{17}}}$ se rapprochent beaucoup de $\overset{11}{d^{\overline{8}}}$ et $\overset{9}{d^{\overline{7}}}$ de $\overset{5}{d^{\overline{4}}}$: si cependant l'on considère les mesures citées pages 42, 23, 19, 16, 49 et 50 du Mémoire de M. Sansoni, on voit qu'il faut laisser subsister ces nouvelles formes (²).

Il n'y a qu'un seul scalénoèdre de la forme $e_{\frac{n}{n}}$; c'est $e_{\frac{5}{3}}$ = 825 (page 36). Son pôle est déjà indiqué d'avance sur la projection stéréographique que nous examinons;

(¹) L'angle sur e^1 serait de 55°58; or M. Sansoni a trouvé Y=64°5′ (page 26).

(²) Cependant la mesure 56°30′ relatée page 29 correspond tout aussi bien à $\overset{4}{d^{\overline{5}}}$ qu'à $\overset{9}{d^{\overline{7}}}$, car $\overset{4}{d^{\overline{3}}}\,\overset{4}{d^{\overline{5}}}$ sur p = 49°50′ et $\overset{9}{d^{\overline{7}}}\,\overset{9}{d^{\overline{7}}}$ sur p = 51°10′ : l'angle avec d^4 correspond, au contraire, parfaitement à $\overset{9}{d^{\overline{7}}}$; les deux mesures paraissent contradictoires. Les deux angles cités page 29 doivent être ainsi corrigés : $\overset{9}{d^{\overline{7}}}\,d^4$ = 28°48′, X = 51°10′.

on l'y voit à l'intersection des trois cercles pe^{1}, $d^{1}\,\pi\gamma e^{\overset{1}{\overline{5}}}\,a^{5}$ et $a^{1}Q\omega e_{1\atop\overline{2}}$.

Les deux nouveaux scalénoèdres directs autres que ceux que nous venons d'examiner sont :

$$v''' = 91.70.13 = d^{\overset{1}{\overline{35}}}\,d^{\overset{1}{\overline{12}}}\,b^{\overset{1}{58}}\ \text{(page 27 Sansoni)}$$

$$\text{et}\quad \psi' = 26.10.5 = d^{\overset{1}{\overline{11}}}\,d^{\overset{1}{\overline{11}}}\,b^{\overset{1}{87}}\ \text{(page 34).}$$

$$1^{\circ}\ v''' = 91.70.13 = d^{\overset{1}{\overline{35}}}\,d^{\overset{1}{\overline{12}}}\,b^{58}.$$

Le pôle v''' est à l'intersection des cercles :

$$e^{\overset{5}{\overline{2}}}\,d^{\overset{4}{\overline{5}}}\,e^{2}_{010}\ (x = 7z)\ \text{et}\ e_{3}\,(\overline{2}23)\,d^{5}_{312}\ (8x = 13y + 14z);$$

v''' est très voisine de $v' = 25.19.4 = d^{\overset{1}{\overline{9}}}\,d^{\overset{1}{\overline{5}}}\,b^{\overset{1}{16}}$ de Rhisnes (voir page 298), comme le montre la correspondance :

ANGLES	CALCULÉS		MESURÉS (*Sansoni.*)
	v'	v'''	(page 27)
Sur p	26°9′	25°8′	25° — 25°16′
Sur e^{1}	91°31′,5	93°	92°46′ — 93°8′
Sur d^{1}	38°58′,5	38°53′	38°52′ — 39°
Avec p	37°1′	37°56′ [1]	37°46′ — 37°49′
Avec c^{2}	16°40′,5	15°35′ [1]	15°32′ — 15°38′

[1] Au lieu de 37°52′,5 et 15°37′,5, comme dans le texte.

On voit cependant que v''' est une forme parfaitement déterminée.

2° $\psi' = 26.10.5 = d^{\overline{11}} d^{\overline{11}} b^{\overline{37}}$.

Le pôle de ψ' ainsi notée se trouverait à l'intersection des cercles $d^2 e^2_{100}$ $(y = 2z)$ et $a^1 \tau \varepsilon \left(\dfrac{x}{y} = 2,6 \right)$ qu'il suffit de prolonger sur la projection de M. Des Cloizeaux : en le construisant ainsi, on s'aperçoit qu'il est très près de la zone $d^1 e^{\overline{\frac{2}{3}}}$ $(4\overline{8}\overline{5})$ dont l'intersection avec $y = 2z$ donne $21.8.4 = d^{\overline{11}} d^{\overline{5}} b^{\overline{10}}$ beaucoup plus simple que la notation adoptée, surtout par rapport au rhomboèdre de clivage.

La correspondance est fort satisfaisante :

ANGLES	CALCULÉS	MESURÉS (*Sansoni*). (page 34)
Sur p	73°34′,5	73°8′ — 74°49′
Avec b^1	! 3°36′	52°59′ — 53°30′
Avec p	45°57′,5	45°18′ — 45°55′

La face ψ' est très voisine de $\psi = 521$; elle est comprise entre $\psi = d^2 + 2e^2$ et $\beta = d^2 + 3e^2$; elle peut être représentée par $d^2 + \dfrac{11}{5} e^2$ ou par $d^2 + \dfrac{9}{4} e^2$ suivant qu'on lui assigne la notation : 26.10.5 ou 21.8.4.

Scalénoèdres inverses. — 1° $n' = 12.1.1 = d^{\overline{11}} d^{\overline{11}} b^{\overline{22}}$.

Située un peu plus bas que $n = 10.1.1$ sur la zone

$pe^2_{100}(y=z)$, au point où elle est coupée par $d^1 e^{11}_{10.0.1}$ ($\overline{1}$.2.10) [1].

$2°\ K = 17.1.1 = d^{\overline{19}} d^{\overline{16}} b^{\overline{32}}$.

Située encore plus bas sur la même zone pe^2_{100}, au point où elle est coupée par la zone $k_{310} e^{\overline{5}} e_1 (5\overline{3}1) \eta_{8\overline{21}}$ ($\overline{1}$.3.14).

En résumé, sur la zone pe^2_{100} on connaît les formes :

$\gamma = p + 1{,}5 e^2, \theta = p + 2 e^2, w = p + 2{,}5 e^2, q = p + 2{,}6 e^2,$
$e_1 = p + 3 e^2, \lambda = p + 6 e^2, n = p + 9 e^2, n' = p + 11 e^2,$
$K = p + 16 e^2, B = p + 30 e^2.$

$3°\ \Lambda' = 40.8.21 = d^{\overline{23}} d^{\overline{15}} b^{17}$.

Située sur la zone $a^1 e_5 e_2 \eta N (x = 5y)$ là où elle est coupée par $d^1 e^1 (41\overline{8})$ [2].

$4°\ h = 20.4.9 = d^{\overline{11}} d^{\overline{7}} b^{\overline{9}}$.

Son pôle se trouve indiqué d'avance sur la projection de M. Des Cloizeaux; il s'y trouve à l'intersection des cercles $d^2 e^1$ ($\overline{2}$14) et $a^1 e_2 N (x=5y)$. C'est un biseau sur les arêtes courtes du métastatique compris entre Θ et T [3].

$5°\ Q = 10.2.5 = d^{\overline{17}} d^{\overline{11}} b^{\overline{13}}$.

Son pôle se trouve aussi déjà indiqué sur la projection, que nous examinons, à l'intersection des cercles $a^1 e_2 N (x = 5y)$ et $Q \cdot e^1 d^5 (x = 2z)$: il se trouve donc sur le premier cercle un peu plus bas que Λ'. L'existence

[1] n est donné par l'intersection de pe^2 et $d^1 c^{\overline{5}}$. Les angles calculés (Sansoni. page 17) doivent être ainsi modifiés. $Y = 8°35'$. Angles avec les trois plans de clivage : $50°33',5 - 68°33'$ et $62°50'$.

[2] Les incidences relatives à Λ' (*Sans.* page 24) doivent être ainsi modifiées : $\Lambda' e^2 = 55°31'$ et $31°52',5$, $\Lambda' c^{\overline{5}} = 14°25'$, $p \Lambda' = 40°58'$.

[3] Incidences à modifier (*Sans.* p. 42). $Y = 19°29'$, $he^5 = 47°21'$, $ph = 43°13'$.

de Q' est douteuse ; en effet l'angle avec e^5 devrait être de $47''36',5$ tandis que M. Sansoni trouve $43°36'$ (page 47).

$$6°\ m = 39.6.26 = d^{\overset{1}{\overline{71}}}\, d^{\overset{1}{\overline{53}}}\, b^{\overset{1}{\overline{46}}}.$$

Se trouve à l'intersection des zones $(2x=3z)\ d^5\ e_2\ e^{\overline{\tfrac{4}{3}}}\ d^5_{342}$ et $a'\,o\,T'\left(\dfrac{x}{y}=\dfrac{13}{2}\right)$. En construisant le pôle ainsi défini, on trouve qu'il est très voisin du point d'intersection des cercles $d'\,e^{\overset{1}{\overline{2}}}\ (\overline{1}21)$ et $a'\,e_{2\,\overline{3}}\,e_{7\,\overline{5}}\ (x=6y)$ dessinés dans la projection de M. Des Cloizeaux : ce point est le pôle de la face $614 = d^{\overset{1}{\overline{11}}}\,d^{\overset{1}{\overline{8}}}\,b^{\overset{1}{\overline{7}}}$, qui ne s'approche pas suffisamment, vu que l'angle sur e' serait de $14°27'$ tandis que les mesures ont donné à M. Sansoni, pour cet angle, $12°59'$ à $13°20'$. Cependant, en développant les rapports $\dfrac{71}{53}$ et $\dfrac{46}{53}$ en fractions continues et en les remplaçant respectivement par les réduites $\dfrac{4}{3}$ et $\dfrac{13}{15}$, on arrive à la notation plus simple $m = 33.5.22 = d^{\overset{1}{\overline{20}}}\,d^{\overset{1}{\overline{15}}}\,b^{\overset{1}{\overline{13}}}$ qui donne une aussi bonne correspondance que $39.6.26$.

ANGLES	CALCULÉS		MESURÉS (*Sansoni*).
	$d^{\overline{71}}\ d^{\overline{53}}\ b^{46}$	$d^{\overline{20}}\ d^{\overline{15}}\ b^{\overline{13}}$	(page 47)
Sur p	$79°1'$	$79°13',5$	$79°57'$
Sur e^4	$13°17'$	$13°4',5$	$13°12'$
Sur d^1	$82°29'$	$82°34'$	$81°56'$

La face 33.5.22 est à l'intersection des zones :

$$d^5\, e_2\, e^{\frac{4}{5}}\, d^3_{342}\ (2x = 3z)\quad \text{et}\quad e^4\, b^{\frac{7}{2}}\ (5.11.\overline{10}).$$

$7^{\circ}\ m' = 926 = d^{\frac{1}{17}}\, d^{\frac{1}{11}}\, b^{\frac{1}{10}}$.

Située aussi sur la zone $2x = 3z\ \left(d^5\, d^3_{342}\right)$, entre e_2 et m, là où elle est coupée par les zones $2x = 9y\ (a^4\,\Theta\Lambda)$ et $b^2\,\sigma e_{\frac{3}{2}}\ T'\ (z = 3y)$ [1].

$8^{\circ}\ \beta' = 14.6.3 = d^{\frac{1}{25}}\, d^{\frac{1}{5}}\, b^{\frac{1}{19}}$.

Située entre β et ψ sur la zone $d^2\, e^2_{100}\ (y = 2z)$ là où elle est coupée par $d^4\, e_{\frac{9}{5}}\ (\overline{3}62), \zeta_{130}\,\delta_{631}\ (\overline{3}46)$ et $a^4\, e_{\frac{3}{2}}\ \left(\dfrac{x}{y} = \dfrac{7}{3}\right)$.

Les faces β et β' sont très proches, car $\beta\beta' = 1^{\circ}8'11''$. Cependant on ne peut les faire coïncider, comme l'indique la correspondance suivante :

ANGLES	CALCULÉS		MESURÉS (*Sansoni*). (page 28)
	β	β'	
Sur p	64°55′	67°4′,5	66°42′
Sur c^1	50°51′	48°57′,5	48°46′
Sur d^1	36°0′	29°35′	30°48′
Avec p	41°53′	42°53′	43°28′

$9^{\circ}\ R' = 15.5.4 = d^{\frac{1}{8}}\, a^{\frac{1}{5}}\, b^{\frac{1}{7}}$. (*Sansoni*, page 30.)

Déjà indiquée dans la projection. On y voit son pôle à

[1] Incidences à modifier (*Sans.*, p. 44) : Angle sur $e^1 = 72°57'$, $m'p = 36°33'$.

l'intersection des cercles $d^2 e^4$ $(11\bar{5})$ et $a^1 e_{\frac{1}{3}}$ k $(x = 3y)$; ce

pôle se trouve aussi sur le cercle $d^1 e^{\overline{\frac{2}{3}}}$ $(\bar{4}85)$.

$10°$ $b = 40.16.1 = d^{\overline{\frac{1}{19}}} d^{\overline{\frac{1}{3}}} b^{\overline{\frac{1}{21}}}$.

Pour l'obtenir, il suffit de prolonger $a^1 \psi \gamma \left(\dfrac{x}{y} = 2,5 \right)$ jusqu'à la rencontre de $d^1 e^{\overline{\frac{5}{3}}}$ $(\bar{1}28)$; les deux cercles sont déjà dessinés sur la projection. b est le $d^{\overline{\frac{3}{2}}}$ de $e^{\frac{5}{3}}$.

$11°$ $\Theta' = 13.3.6 = d^{\overline{\frac{1}{22}}} d^{\overline{\frac{1}{13}}} b^{\overline{\frac{1}{17}}}$.

Située à l'intersection des zones $a^1 Q \Theta e_2 \, e_{\frac{2}{3}} \, e^{2}_{100}$ $(z = 2y)$

et $e^{\overline{\frac{7}{2}}} e^1 d^{\overline{\frac{5}{4}}}_{591}$ $(\bar{3}16)$. Θ' se trouve sur la première zone entre Q et Θ. La face Θ' est très voisine de Θ, car $\Theta \Theta' = 1°2',5$; cependant on ne peut les faire coïncider, comme l'indique la correspondance suivante :

ANGLES	CALCULÉS		MESURÉS (*Sansoni*). (page 47)
	Θ	Θ'	
Sur p	$83°9'$	$84°30'$	$81°19'$
Sur c^1	$21°52'$	$22°35'$	$22°32'$
Sur d^1	$62°52'$	$63°52'$	$64°2'$
Avec p	$42°22'$	$41°25'$	$41°49'$
Avec e^1	$10°56'$	$11°20'$	$11°21'$

Les trois dernières mesures nous ont été communiquées par M. Sansoni.

$12^{\circ}\ o' = 85.15.44 = d^{\overline{\frac{1}{48}}}\, d^{\frac{1}{55}}\, b^{\frac{1}{57}}$.

Située à l'intersection des zones $d^{1}oe^{\overline{\frac{2}{5}}}$ ($\overline{4}85$) et $a^{1}e^{\overline{\frac{5}{2}}}$ ($19\overline{5}$). Déterminée par Hessenberg.

$13^{\circ}\ \theta' = 40.13.12 = a^{\frac{1}{65}}\, a^{\overline{\frac{1}{26}}}\, b^{\frac{1}{55}}$.

Cette face est située sur la zone $p\overline{{}_{101}}\, e_5\ \theta$ ($1\overline{4}1$) près de la face $\theta = 311$ ($\theta\theta' = 2^{\circ}2'$). Comme elle se trouve très près des zones $x = 3\,y$ et $y = z$, pour simplifier sa notation, on est amené à essayer : 24.8.7 et 13.4.4; mais, comme on le voit dans le tableau ci-joint, la concordance n'est pas suffisante.

Si l'on observe que la notation donnée ci-dessus peut s'écrire $d^{\overline{\frac{1}{5}}}\, d^{\overline{\frac{1}{2}}}\, b^{\frac{13}{55}}$, et que l'on développe $\dfrac{13}{55}$ en fraction continue, on trouve comme réduites $\dfrac{1}{4}$ et $\dfrac{4}{17}$: la première conduirait à $d^{\overline{\frac{1}{5}}}\, d^{\overline{\frac{1}{2}}}\, b^{\frac{1}{4}}$ qui est θ, la seconde donne : $\theta' = d^{\frac{1}{20}}\, d^{\overline{\frac{1}{8}}}\, b^{\overline{\frac{1}{17}}} = 37.12.11$, notation relativement simple et qui satisfait parfaitement.

ANGLES	CALCULÉS					MESURÉS (*Sansoni*). (page 44)
	311, 24.8.7, 13.4.4, 40.13.12, 37.12.11					
Avec p	41°22'	43°9'	43°34',5	43°9'	43°17',5	43°7' —43°17'
Avec e^{1}	18°25'	19°28'	17°43'	18°48',5	18°51'	18°46'—18°55'.

Nous adopterons la notation $\theta' = d^{\frac{1}{20}}\, d^{\overline{\frac{1}{8}}}\, b^{\frac{1}{17}}$; le pôle de cette face se trouve à l'intersection des cercles $p_{\overline{1}0\iota}\,\theta$ ($1\overline{4}1$) et $d^4\,e^{\overset{7}{\overline{4}}}$ ($1.7.\overline{11}$).

$14°\ \xi' = 15.7.4 = d^{\overline{\frac{1}{26}}}\,d^{\overline{\frac{1}{5}}}\,b^{\overline{\frac{1}{19}}}.$

La détermination de cette forme citée par M. Sansoni (pages 23 et 26) est erronée. En effet, si l'on compare les angles calculés pour 15.7.4 (*log. $M = 1,1341043$*) aux angles mesurés par M. Sansoni, on trouve une forte divergence :

ANGLES	CALCULÉS	MESURÉS (*Sansoni*).
Sur p	$61°40'$	$\varphi = 63°45'$
Sur e^4	$52°52'$	$\psi = 59°22',5$
Avec p	$38°48',5$	$\alpha = 39°49'$

Si, en partant des trois mesures relatées ci-dessus, on détermine la forme en question par la méthode exposée page 175, on a :

$$\sin\frac{\varphi}{2} = \frac{(x-y)\sin 60°}{M} \qquad (1)$$

$$\sin\frac{\psi}{2} = \frac{y\sin 60°}{M} \qquad (2)$$

$$\cos\,\alpha = \frac{x+y+2sz}{2Mm}\,. \qquad (3)$$

En divisant (1) par (2), puis (3) par (2), on obtient . . . .

$$\frac{x}{y} = 2{,}058733$$

$$\frac{z}{y} = 0{,}372827.$$

Pour voir si les mesures sont compatibles entre elles, partons de $xyz = 2{,}0587. 1. 0{,}3728$ (*log. M* $= 0{,}2607232$) et calculons les angles qui ont servi de point de départ. Nous obtenons : $\varphi = 60°24'$, $\psi = 56°44'$, $\alpha = 42°32'$. Cette grande divergence prouve qu'il y a eu erreur dans les mesures, ou bien que les faces considérées n'appartenaient pas au même scalénoèdre.

Si nous nous reportons au tableau des rapports des caractéristiques (page 361) nous remarquons que les valeurs obtenues pour $\frac{x}{y}$ et $\frac{z}{y}$ se rapprochent beaucoup de celles de l'isoscéloèdre L; comme cette dernière forme avait été déjà constatée à Andreasberg par vom Rath et que M. Sansoni ne l'a pas retrouvée, il est possible que c'est à cette forme, mal développée, que l'on doive rapporter le 15.7.4 de M. Sansoni.

$$15°\ \Gamma' = 15.7.3 = d^{\frac{1}{25}}\, d^{\frac{1}{4}}\, b^{\frac{1}{20}}.$$

Forme très voisine de l'isoscéloèdre connu $\Gamma = 14.7.3$; elle a été déterminée par Hessenberg. Les angles sur p et sur e^4 diffèrent entre eux de $8°30'42''$. Γ' est située sur la zone Γe^2_{100} ($3y = 7z$); $\Gamma e^2_{100} = 32°51'34''$ et $\Gamma'e^2 = 30°31'49''$, de sorte que $\Gamma\Gamma' = 2°19'45''$. Le pôle de Γ' se trouve en outre sur les cercles de zone : $a'\,\xi'$ ($17x = 15y$), $e^2_{010}\, d^{\frac{3}{2}}\, e^{\frac{11}{4}}$ ($x = 5z$) et $e^2\, d^{\frac{11}{8}}\, \Phi LR\ (\overline{3}38)$; sur cette dernière zone, Γ' se trouve un peu à droite de L à une distance de $2°17'22''$.

Prisme. — M. Sansoni cite, d'après Bournon, le prisme $k = 950 = d^{\overline{\frac{1}{13}}} d^1 b^{\overline{\frac{1}{14}}}$, dont on peut obtenir le pôle en prolongeant le cercle $a^1 d^{\overline{\frac{5}{4}}}$ jusqu'à la rencontre du cercle $e^2 d^1$.

Voici quelques combinaisons, figurées par M. Sansoni dans son Mémoire, combinaisons dans lesquelles entrent quelques-unes des nouvelles formes que nous venons d'examiner :

$a^1 e^3 e^2 e^1 b^1 d^1 d^{\overline{\frac{7}{5}}}$ (fig. 3),

$a^1 d^{\overline{\frac{3}{2}}} d^1 e^1 n'$ (fig. 4),

$e^2 e^3 b^3 d^4 d^{\overline{\frac{9}{7}}} K$ (fig. 7),

$e^2 e^3 a^1 e^{\overline{\frac{3}{5}}} \Lambda'$ (fig. 8),

$e^2 b^1 d^1 d^{\overline{\frac{9}{5}}} \xi'$ (fig. 9),

$e^2 e^3 b^1 \pi \beta'$ (fig. 10),

$e^2 e^1 a^1 e^3 p b^1 d^1 d^{\overline{\frac{19}{3}}}$ (fig. 11),

$e^2 p a^1 b^1 b^3 v'''$ (fig. 12),

$e^2 e_3 b^1 e^1 R' d^{\overline{\frac{13}{11}}} a^1$ (fig. 13),

$e^{\overline{\frac{11}{5}}} b^1 Q'$ (fig. 15),

$p d^{\overline{\frac{17}{15}}} e^2$ (fig. 16),

$e^1 e_{\frac{5}{3}} a^1$ (fig. 18),

$b^1 b^9 b^{10}$ (fig. 19),

$d^2 b^{\overline{\frac{15}{2}}}$ (fig. 20),

$m \Theta' e^2 e^1 e^{\overline{\frac{6}{5}}}$ (fig. 21),

$m' e^1 b^1$ (fig. 22),

$\Theta' e^1 b^1$ (fig. 23),

$Q' e^3 e^2 b^1 a^1$ (fig. 25),

$d^{\overline{\frac{9}{7}}} e^{\overline{\frac{6}{5}}}$ (fig. 26),

$b^5 b^1 p d^{\overline{\frac{19}{15}}} d^{\overline{\frac{4}{3}}} e^{\overline{\frac{19}{9}}}$ (fig. 27),

$b^4 b^1 p e^3 e^2 e^1 a^5 h$ (fig. 29).

Calcite de Blaton.

M. Sansoni a présenté en 1885 à l'Académie de Belgique la description de deux cristaux provenant du calcaire carbonifère de Belgique. Outre la forme $h = 20.4.9$ qu'il avait signalée à Andreasberg [1], M. Sansoni a déter-

[1] Voir page 332 de notre Mémoire.

miné dans ces cristaux les formes nouvelles qui suivent, formes que nous allons porter sur la projection stéréographique.

$$1^o \; e^{\overset{19}{\mathrm{x}}} = 991.$$

Ce rhomboèdre a pour inverse $e^{\overset{17}{10}}$ d'Andreasberg ; il a été retrouvé à Rhisnes.

$$2^o \; e_{\underset{7}{3}} = 14.4.3.$$

Pour obtenir son pôle, il suffit de prolonger le cercle $a^1 w_{\underset{3}{\rho} e_9} \, \sigma$ $(2x = 7y)$, déjà dessiné, jusqu'à la rencontre du cercle $a^1 e^1$; il se trouve aussi sur les cercles $e^2_{100} \, NR_{\mathcal{X}}d^1$ (034) et $Le^{\overset{7}{5}}$ $(\overline{2}18)$. La forme $e_{\underset{7}{3}}$ constitue le biseau B^3 sur les arêtes B de l'isoscéloèdre L. (Voir page 215.) La forme $e_{\underset{7}{3}}$ est très voisine de $e_{\underset{5}{2}}$, mais ne peut être confondue avec cette dernière comme l'indique la correspondance :

ANGLES	CALCULÉS		MESURÉS (*Sansoni*).
	$e_{\underset{5}{2}}$	$e_{\underset{7}{3}}$	
Avec e^1	21°13′	20°1′	19°47′
Avec d^2	24°10′	24°43′	24°43′
Avec e^2_{100}	21°12′	21°1′	22°50′
Sur e^1	33°7′	31°16′	31°36′

$3^{\circ}\ c' = 15.10.4 = d^{\overline{16}}\,\overset{1}{d^{1}}\,\overset{1}{b^{20}}.$

Ce scalénoèdre est l'inverse de $R' = d^{\overset{1}{\overline{8}}}\,d^{\overset{1}{\overline{3}}}\,b^{\overset{1}{\overline{7}}}$ d'Andreasberg (p.334). Cette forme a été retrouvée à Rhisnes. Nous avons indiqué, page 210 de ce Mémoire, les cercles à tracer pour obtenir le pôle c'.

$4^{\circ}\ a = 25.20.4 = d^{\overline{26}}\,d^{\overline{11}}\,b^{\overline{40}}.$

Pour obtenir son pôle, il suffit de prolonger le cercle $a^{1}\,d^{4}\,b^{5}\ (4x = 5y)$ jusqu'à l'intersection de $e^{2}_{110}\,Fc'\,d^{\overset{9}{\overline{5}}}\ (\overline{4}45)$ ou de $d^{1}_{120}\,d^{\overset{19}{\overline{13}}}\ (\overline{4}.2.15).$

En le construisant ainsi, on voit que ce pôle est dans une région où les faces connues sont rares; le pôle dont il s'approche le plus est $x = 651$ [1].

Les faces $a, x, d^{\overset{5}{\overline{1}}}$ et e^{2}_{100} sont en zone.

$5^{\circ}\ \pi' = 17.6.7 = d^{\overline{10}}\,d^{\overline{4}}\,b^{\overline{7}}.$

Constitue un biseau sur les arêtes courtes du métastatique. Le pôle π' se trouve entre γ et π sur le cercle $a^{2}\,e^{1}$, là où il est coupé par les cercles $d^{6}\,e^{\overset{5}{\overline{2}}}\ (13\overline{5})$, $pe^{\overline{4}}\ (1.1.\overline{11}),\ e_{\overset{}{\underline{2}}5}\,\gamma\theta\ (1.\overline{4}.1).\ \pi'$ est très voisine de $\pi\ (\pi e^{1} = 17^{\circ}10',$ $\pi'e^{1} = 18^{\circ}19',\ \pi\pi' = 1^{\circ}9').$

$6^{\circ}\ \rho' = 40.12.17 = d^{\overline{23}}\,\overset{1}{d^{\overline{11}}}\,\overset{1}{b^{\overline{17}}}.$

Constitue aussi un biseau sur les arêtes courtes de d^{2}.

[1] On voit aussi que ce pôle est très proche du cercle $d'e^{3}\ (1\overline{2}4)$. En essayant la notation 26.21.4 donnée par l'intersection de ce dernier avec $e^{2}F\ (\overline{4}45)$, on obtient une mauvaise concordance, car l'angle sur p serait de $20^{\circ}35'$ tandis que la mesure a donné $22^{\circ}8'$ à $22^{\circ}57'$.

Son pôle se trouve déjà indiqué sur la projection de M. Des Cloizeaux à l'intersection des cercles $d^2 e^1$ et $a^1 \chi e_{\frac{2}{5}}$ $(3x = 10y)$; il est situé entre π et ρ, très près de ce dernier ($\rho e^1 = 14°26',5$, $\rho'e^1 = 15°15'$, $\rho\rho' = 0°49'$). Il est probable que cette face ρ' doit être ramenée à la face connue $\rho = 723$.

Les deux cristaux de Blaton montrent les combinaisons :

$$d^2 e^2 \; e^2 e^3 e^1 \overset{19}{e^8} \overset{7}{e^4} \; e_{3\,\overline{7}} \; F\Theta \; (^1) \; \rho' \; (\text{fig. 1})$$

$$\text{et} \quad d^2 e^2 \; e^2 e^3 e^1 \overset{19}{e^8} \overset{7}{e^4} \; c'e_{3\,\overline{7}} \; \pi'aFh \; (\text{fig. 2}).$$

Nota. — Le tableau dee incidences calculées de la page 297 du *Bulletin de l'Académie* contient beaucoup de petites erreurs. Nous ne signalerons que trois incidences dans lesquelles l'erreur atteint ou dépasse $1'$.

$r_{3\,\overline{7}} \; d^2(4.10.\overline{14}.3 \text{ avec } 21\overline{3}1) = 24°43'31''$ au lieu de $24°42'30''$.

aa sur p $(20.5.\overline{25}.4 \ldots\ldots y) = 21°26'58''$ „ $21°37'8''$.

$c'd^2$ $(10.5.\overline{15}.4 \text{ avec } 21\overline{3}1) = 3°55'23''$ „ $3°50'32'$.

La plupart des erreurs signalées dans les pages précédentes nous ont été communiquées par M. Sansoni.

Il nous reste à introduire sur la projection stéréographique quelques formes signalées dans l'appendice du Manuel de M. Des Cloizeaux.

(¹) M. Sansoni nous a écrit que la forme notée par lui 52.12.23 (*loc. cit.* page 295), constituant un biseau sur les arêtes courtes de d^2, doit se rapporter au biseau connu $\Theta = 924 = \overset{1}{d^5}\,\overset{1}{d^3}\,\overset{1}{b^4}$, vu que l'on a : $\Theta c^1 = 10°56'$ et que ses mesures lui ont donné des résultats variant entre $10°53'$ et $11°37'$. Il faut donc dans les figures ainsi que dans le texte du *Bull. de l'Académie de Belgique* (pages 287 à 297) remplacer $12.40.\overline{52}.23$ par $2.7.\overline{9}.4$.

$1° \; u = 11.7.6 = d^{\overline{8}\,1} \, d^{1} \, b^{\overline{5}\,1}$.

Déjà indiquée sur la projection au point d'intersection des cercles $p x c_{1}$ $(1\overline{5}4)$ et $d^{1}_{120} e^{1} d^{3} e_{2}$ $(\overline{4}25)$; se trouve aussi sur le cercle $d^{1}_{\overline{1}10} \, e^{\frac{5}{4}} \, d^{1} \tau$ $(11\overline{3})$.

$2° \; N^{p} = 35.7.9 = d^{\overline{17}\,1} d^{\overline{10}\,1} b^{\overline{18}\,1}$.

Trouvée par Hessenberg sur des cristaux d'Islande. Son pôle est aussi indiqué d'avance sur la projection; il se trouve à l'intersection des cercles $a^{1} N\tau_{1}$ $(x = 5y)$ et $d^{1}_{120} e^{\frac{5}{2}} x d^{\frac{3}{2}} \Gamma\beta\varepsilon R e_{1\,\frac{1}{2}} e^{\frac{4}{3}}$ $(\overline{2}17)$.

$3° \; \Psi = 22.15.4 = d^{\overline{25}\,1} d^{\overline{4}\,1} b^{\overline{11}\,1}$.

Observée par Hessenberg sur des cristaux de Rossie. Située sur les zones $d^{1} D d^{1}_{455}$ $(1\overline{2}2)$, $d^{\frac{3}{2}}_{551} k_{\overline{2}10}$ $(1.2.\overline{13})$ et $e^{2}_{010} \varphi$ $(2.0.\overline{11})$. Se trouve très près de la zone $d^{1}_{120} d^{\frac{3}{2}} e^{\frac{4}{3}}$ $(\overline{2}17)$. Retrouvée à Rhisnes (voir page 212).

$4° \; H = 88.60.35 = d^{\overline{01}\,1} d^{1} b^{\overline{27}\,1}$.

Associée à Ψ dans les cristaux de Rossie. Se trouve à l'intersection des zones $a^{1} \Psi \left(\dfrac{x}{y} = \dfrac{22}{15}\right)$, $e^{2} e_{3\,\frac{1}{2}} e^{\frac{1}{3}}$ $(\overline{5}54)$ et $e^{\frac{5}{3}}_{081} d^{2}_{231}$ $(5.2.\overline{16})$.

Sur la zone $\dfrac{x}{y} = \dfrac{22}{15}$, on connaît les trois faces : $H = 88.60.35$, $\Psi = 22.15.4$ et $C = 22.15.2$ (voir page 227 de notre Mémoire).

$5° \; \odot = 20.9.4 = d^{\overline{14}\,1} d^{\overline{2}\,1} b^{\overline{9}\,1}$.

Déterminée par Hessenberg sur des cristaux du Derbyshire. Située entre φ et β sur la zone $d'\gamma\sigma b'$ $(\overline{2}41)$ là où elle est coupée par la zone $e^{2}_{010} e^{\overline{\overset{11}{4}}} d^{2} F l' \psi e_{2} e^{\overline{\overset{5}{2}}}$ $(x = 5 z)$.

$6°$ $\Upsilon = 18.5.7 = d^{\overline{\overset{4}{10}}} d^{\overline{\overset{1}{5}}} b^{\overline{\overset{1}{x}}}$.

Située à l'intersection des zones :

$$e_{1}\underset{\overline{2}}{}\rho e_{2}\ (1\overline{5}1),\ \tau_{_{^{1882}}} d^{5} e^{\overset{7}{\ddot{}}} k_{2\overline{1}0}\ (12\overline{4})\ \text{et}\ \partial b d^{\overset{5}{4}} e^{\overline{5}} \Theta\beta\ (\overline{2}33).$$

M. Des Cloizeaux propose de remplacer ce symbole par $17.4.6 = d^{\overline{\overset{4}{9}}} d^{\overline{\overset{1}{5}}} b^{\overline{\overset{1}{x}}}$; le pôle Υ serait alors donné par l'intersection des cercles $d^{\overline{\overset{7}{4}}} \theta e^{\overline{\overset{8}{7}}}$ et $d'_{\overline{1}10} e^{5} e_{2} \underset{5}{\gamma} d^{5} e^{6}$; mais il nous semble que cette seconde forme s'éloigne trop de la première, si l'on compare les rapports des caractéristiques. D'ailleurs, si l'on tient à simplifier ces rapports, on arrive à la forme connue $\rho = 723$, qui s'approche mieux que $17.4.6$; il faut donc, ou bien laisser subsister le symbole primitif, ou bien supprimer la forme Υ.

Voici la comparaison des rapports des caractéristiques.

	17.4.6	$\rho = 723$	Calculés d'après la formule primitive.
$\dfrac{h}{k}$	4,25	3,5	3,6
$\dfrac{l}{k}$	1,5	1,5	1,4

$7°$ $f = 23.12.3 = d^{\overline{\overset{4}{38}}} d^{\overline{\overset{1}{2}}} b^{\overline{\overset{1}{31}}}$.

Déterminée par Sella. Son pôle se trouve à l'intersection des cercles $e^{2}_{100} d^{\overline{\overset{4}{5}}}$ $(y = 4 z)$ et $d' b^{2}$ $(3\overline{6}1)$.

M. Des Cloizeaux a un peu modifié le symbole précédent et placé f à l'intersection des cercles $e^2\,\overset{4}{d^5}$ et $\overset{5}{d^4}\,e^1$ ($\overline{5.7.10}$), de sorte que $f = 38.20.5 = \overset{1}{d^{2i}}\,\overset{1}{d^1}\,b^{17}$. Les deux notations donnent des résultats fort différents des angles mesurés :

ANGLES	CALCULÉS		MESURÉS (*Sella*) [1]
	38.20.5 (*D.c*)	23.12.3	
Sur p	55°48'	56°24',5	55°45'
Sur c^1	62°39'	62°4',5	61°30'
Sur d^1	17°51'	17°35',5	20°30' environ.

Observons d'abord que les trois mesures sont contradictoires [2]; en effet, entre les trois angles dièdres d'un scalénoèdre, il doit se passer la relation :

$$cos\,\frac{\chi}{2} = sin\,\frac{\varphi}{2} + sin\,\frac{\psi}{2};$$

or, en partant de $\varphi = 55°45'$ et $\psi = 61°30'$, on obtient $\chi = 23°37'$ au lieu de $20°30'$.

[1] Voir Des Cloizeaux, *loc. cit.*, page 102.

[2] La méthode qui consiste à déterminer un scalénoèdre par la mesure de ses angles dièdres nous semble en général peu sûre : on admet implicitement que les trois faces considérées appartiennent au même scalénoèdre, ce qui n'est pas toujours sûr, certaines faces pouvant être bien développées au-dessus de d, par exemple, et être peu développées ou manquer en dessous, étant remplacées par des faces voisines. Pour déterminer un scalénoèdre, il faut rapporter une de ses faces aux clivages ou à des faces dont la position est établie d'avance.

Suivant que l'on part de la relation :

$$\frac{h}{k} = 1 + \frac{sin\,\frac{\varphi}{2}}{sin\,\frac{\psi}{2}}, \quad \text{ou} \quad \frac{h}{k} = \frac{cos\,\frac{\chi}{2}}{sin\,\frac{\psi}{2}},$$

on obtient :

$$\frac{h}{k} = 1,91443 \quad \text{ou} \quad \frac{h}{k} = 1,92451 :$$

en prenant comme moyenne $\frac{h}{k} = 1,919$ et développant cette dernière quantité en fraction continue, on obtient pour troisième réduite $\frac{h}{k} = \frac{23}{12}$, qui est le rapport adopté par Sella.

En portant cette valeur dans l'équation :

$$sin\,\frac{\psi}{2} = \frac{k\,sin\,60°}{\sqrt{h^2 + k^2 - hk + sl^2}},$$

on obtient :

$$\frac{l}{k} = 0,33013 \quad \text{ou} \quad \frac{1}{3}.$$

On a donc : $f = 23.12.4 = a^{\frac{1}{13}}\,d^1\,b^{\frac{1}{10}}$, notation plus simple et satisfaisant mieux que les notations citées plus haut.

ANGLES	CALCULÉS	MESURÉS (*Sella*)
Sur p	55°52′,5	55°45′
Sur e^1	61°28′,5	61°30′
Sur d^1	23°41′	20°30′ environ.

Le pôle de la face $f = d^{\frac{1}{13}}\, d^1\, b^{\frac{1}{10}}$ peut s'obtenir par l'intersection des cercles $e^2_{100} d^{\frac{3}{2}}\, \eth\ (y = 3z)$ et $e^2_{110} e^{\frac{6}{5}}\ (\overline{4}.4.11)$.

La face f ainsi notée est très proche de celle de l'iscéloèdre $\hat\eth = 631$; on a : $fe^2_{100} = 33°16'22''$ et $\delta e^2_{100} = 31°47'18''$, de sorte que $\eth f = 1°29'4''$.

$8°\ \Pi = 19.15.2 = d^{\frac{1}{7}}\, d^{\frac{1}{5}}\, b^{\frac{1}{12}}.$

Située à l'intersection des zones $e^2\, d^{\frac{3}{2}}\ (\overline{1}12)$ et $d^1\, d^{\frac{5}{3}}_{\text{opp.}}(2.\,\overline{4}.11)$.

M. Des Cloizeaux a placé le pôle de Π à l'intersection des cercles $d^1\, e^{\frac{7}{3}} (1.\overline{2}.10)$ et $e^2\, d^{\frac{5}{4}}\,(\overline{1}14)$, de sorte que $\Pi = 18.14.1 = a^{\frac{1}{7}}\, d^{\frac{1}{5}}\, b^{\frac{1}{11}}$. Mais, en comparant les rapports des caractéristiques, on voit que cette seconde notation représente une face trop éloignée de la première. D'ailleurs, si l'on calcule les angles avec p, on obtient : $p\, \Pi_{18.14.1} = 43°11'34''$ et $p\, \Pi_{19.15.2} = 39°59'39''$, de sorte que : $(19.15.2)(18.14.1) = 3°11'55''$.

Il faut donc laisser subsister l'ancien symbole.

$9°\ B = 490.14.9 = d^{\frac{1}{171}}\, d^{\frac{1}{157}}\, b^{\frac{1}{319}}.$

Déterminée par M. Zippe.

M Des Cloizeaux place le pôle B à l'intersection des cercles $p\, e^2_{100}(y = z)$ et $d^1_{110} e^{\frac{11}{5}}\ (1.1.\overline{32})$; on obtient alors la notation $B = 31.1.1 = d^{\frac{1}{11}}\, d^{\frac{1}{10}}\, b^{\frac{1}{20}}$, qui donne une assez bonne concordance, comme le montre le tableau de correspondance qui suit. Cependant, si l'on écrit la face de Zippe sous la forme $35.1.\frac{9}{14}$, on voit qu'elle s'approche mieux de la zone $d^2\, e^2_{100}\ (y = 2z)$ que de la zone

pe^2_{100} $(y = z)$. La notation $B = 70.2.1 = a^{\overline{\frac{1}{73}}} a^{\overline{\frac{1}{67}}} b^{\overline{\frac{1}{157}}}$ nous semble préférable; d'ailleurs les angles calculés pour ce symbole concordent, à une minute près, avec les angles calculés en partant du symbole de Zippe.

ANGLES	490.14.9	70.2.1	31.1.1
$Log.\ M \longrightarrow$	2,6844613	1,8390327	1,4847144
Sur p	$117°5'27''$	$117°6'14''$	$116°38'44''$
Sur e^1	$2°52'31''$	$2°52'32''$	$3°15'4''$
Sur d^1	$5°09'42''$	$57°8'49''$	$56°51'41''$

Le pôle $B = 70.2.1$ se trouve à l'intersection des cercles $d^2\,e^2_{100}$ et $a^4_{0\bar{1}2}\,e^{\overline{\frac{9}{5}}}_{14.0.1}$ $\overline{(1.28.14)}$.

$10°\ \eta = 10.2.1 = d^{\overline{\frac{1}{45}}}\,d^{\overline{\frac{1}{7}}}\,b^{\overline{\frac{1}{17}}}$.

Nous avons conservé le symbole proposé par M. Des Cloizeaux dans son manuel; l'ancien symbole $d^{\overline{\frac{1}{47}}}\,d^{\overline{\frac{1}{10}}}\,b^{\overline{\frac{1}{8}}}$ étant évidemment entaché d'une faute d'impression, il ne nous a pas été possible de discuter la notation de η.

Tableau des différentes formes de la calcite, des rapports de leurs
caractéristiques et des logarithmes de leurs modules.

NOTATIONS.		Rapports des caractéristiques.		log. M	$log. s = 0,0118410$ [1]
		$\dfrac{h}{k}$	$\dfrac{l}{k}$		
Base					$s = 1,02764$
a^1	001			0,0059205	$2s - 2,05528$
Prismes					$3s - 3,08292$
e^2	110	1		0	$4s - 4,11056$
ζ	$d^{\frac{1}{5}}\ d^{\frac{1}{2}}\ b^{\frac{1}{7}}$	430	1,3333	0,5569717	$5s - 5,13820$
					$6s - 6,16584$
k	$d^{\frac{1}{4}}\ d^1\ b^{\frac{1}{5}}$	320	1,5000	0,4225490	$7s - 7,19348$
$k\prime$	$d^{\frac{1}{13}}\ d^1\ b^{\frac{1}{14}}$	950	1,8000	0,8926649	$8s - 8,22112$
					$9s - 9,24876$
d^1	210	2,0000		0,2385606	
Rhomboèdres directs.		$\dfrac{h}{l}$			
a^2	114	0,2500		0,6208011	
$a^{\frac{16}{7}}$	3.3.10	0,3000		1,0241510	
a^3	225	0,4000		0,7363124	

[1] $s = \dfrac{3}{4} \cdot \dfrac{a^2}{c^2}$

NOTATIONS.		Rapports des caractéristiques.		log. M	log.s = 0,0118410
		$\dfrac{h}{l}$	$\dfrac{l}{k}$		
a^4	112	0,5000		0,3542342	$s = 1,02764$
a^5	447	0,5714		0,9109347	$2s - 2,05528$
					$3s - 3,08292$
a^7	223	0,6666		0,5610876	$4s - 4,11056$
					$5s - 5,13820$
a^{11}	10.10.13	0,7692		1,2186145	$6s - 6,16584$
p	111	1,0000		0,1534954	$7s - 7,19348$
					$8s - 8,22112$
e^6	774	1,7500		0,9079291	$9s - 9,24876$
e^4	552	2,5000		0,7320253	
$e^{\frac{7}{2}}$	331	3,0000		0,5005994	
$e^{\frac{10}{3}}$	13.13.4	3,2500		1,1341043	
e^3	441	4,0000		0,6155772	
$e^{\frac{20}{7}}$	992	4,5000		0,9649917	
$e^{\frac{11}{4}}$	551	5,0000		0,7077174	
$e^{\frac{13}{5}}$	661	6,0000		0,7842630	
$e^{\frac{5}{2}}$	771	7,0000		0,8496050	

NOTATIONS.		Rapports des caractéristiques.		log. M	log. s = 0,0118410
		$\dfrac{h}{l}$	$\dfrac{l}{k}$		
$c^{\frac{17}{7}}$	881	8,0000		0,9065490	$s = 1,02764$
$c^{\frac{19}{8}}$	991	9,0000		0,9569801	$2s = 2,05528$
$c^{\frac{7}{3}}$	10.10.1	10,0000		1.0022201	$3s = 3,08292$
$c^{\frac{9}{4}}$	13.13.1	13,0000		1,1152593	$4s = 4,11056$
$e^{\frac{11}{5}}$	16.16.1	16,0000		1,2049899	$5s = 5,13820$
$e^{\frac{15}{7}}$	22.22.1	22,0000		1,3428832	$6s = 6,16584$
$e^{\frac{19}{9}}$	28.28.1	28,0000		1,4474425	$7s = 7,19348$
					$8s = 8,22112$
					$9s = 9,24876$

Rhomboèdres inverses.

NOTATIONS.		$\dfrac{h}{l}$	$\dfrac{l}{k}$	log. M	
$a^{\frac{1}{2}}$	105	0,2000		0,7131824	
$a^{\frac{2}{5}}$	104	0,2500		0,6208011	
$a^{\frac{4}{13}}$	3.0.10	0,3000		1,0241510	
$a^{\frac{1}{4}}$	103	0,3333		0,5053357	
$a^{\frac{1}{7}}$	205	0,4000		0,7363124	
b^{1}	102	0,5000		0,3542342	

NOTATIONS.		Rapports des caractéristiques.		log. M	log.s = 0,0118410
		$\dfrac{h}{l}$	$\dfrac{l}{k}$		
$e^{\frac{1}{8}}$	305	0,6000		0,7701084	$s = 1,02764$
$e^{\frac{1}{5}}$	203	0,6667		0,5610876	$2s - 2,05528$
$e^{\frac{1}{3}}$	405	0,8000		0,8100211	$3s - 3,08292$
$e^{\frac{2}{5}}$	708	0,8750		1,0299122	$4s - 4,11056$
$e^{\frac{6}{13}}$	19.0.20	0,9500		1,4438244	$5s - 5,13820$
$e^{\frac{1}{2}}$	101	1,0000		0,1534954	$6s - 6,16584$
$e^{\frac{6}{11}}$	17.0.16	1,0625		1,3709994	$7s - 7,19348$
$e^{\frac{10}{17}}$	908	1,1250		1,0833171	$8s - 8,22112$
$e^{\frac{3}{5}}$	807	1,1429		1,0291264	$9s - 9,24876$
$e^{\frac{7}{11}}$	605	1,2000		0,8951109	
$e^{\frac{2}{3}}$	504	1,2500		0,8087215	
$e^{\frac{5}{7}}$	403	1,3333		0,7011200	
$e^{\frac{3}{4}}$	705	1,4000		0,9366341	
$e^{\frac{17}{22}}$	13.0.9	1,4444		1,2009060	

NOTATIONS.		Rapports des caractéristiques.		log. M	log. $s = 0,0118410$
		$\dfrac{h}{l}$	$\dfrac{l}{k}$		
$e^{\frac{4}{5}}$	302	1,5000		0,5588106	$s = 1,02764$
$e^{\frac{5}{6}}$	11.0.7	1,5714		1,1169476	$2s - 2,05528$
$e^{\frac{6}{7}}$	13.0.8	1,6250		1,1853203	$3s - 3,08292$
$e^{\frac{13}{14}}$	905	1,8000		1,0140639	$4s - 4,11056$
e^{1}	201	2,0000		0,3506821	$5s - 5,13820$
$e^{\frac{14}{13}}$	904	2,2500		0,9943736	$6s - 6,16584$
$e^{\frac{19}{17}}$	12.0.5	2,4000		1,1148294	$7s - 7,19348$
$e^{\frac{8}{7}}$	502	2,5000		0,7320253	$8s - 8,22112$
$e^{\frac{6}{5}}$	11.0.4	2,7500		1,0690601	$9s - 9,24876$
$e^{\frac{5}{4}}$	301	3,0000		0,5005994	
$e^{\frac{4}{5}}$	702	3,5000		0,8625904	
$e^{\frac{7}{5}}$	401	4,0000		0,6155772	
$e^{\frac{16}{11}}$	902	4,5000		0,9649917	
$e^{\frac{3}{2}}$	501	5,0000		0,7077174	

NOTATIONS.		Rapports des caractéristiques.		log. M	log.s = 0,0118510
		$\frac{h}{l}$	$\frac{l}{k}$		
$c^{\frac{5}{3}}$	801	8,0000		0,9065490	$s = 1,02764$
$c^{\frac{17}{10}}$	901	9,0000		0,9569801	$2s - 2,05528$
$c^{\frac{19}{11}}$	10.0.1	10,0000		1,0022201	$3s - 3,08292$
$c^{\frac{7}{4}}$	11.0.1	11,0000		1,0432291	$4s - 4,11056$
$c^{\frac{25}{14}}$	13.0.1	13,0000		1,1152593	$5s - 5,13820$
$c^{\frac{9}{5}}$	14.0.1	14,0000		1,1472636	$6s - 6,16584$
$e^{\frac{11}{6}}$	17.0.1	17,0000		1,2312197	$7s - 7,19348$
$e^{\frac{49}{26}}$	25.0.1	25,0000		1,3982967	$8s - 8,22112$
$e^{\frac{79}{41}}$	40.0.1	40,0000		1,6021994	$9s - 9,24876$
Scalénoèdres directs :		$\frac{h}{k} < 2$			
$\equiv$ $d^{\frac{1}{11}} d^{\frac{1}{9}} b^{\frac{1}{23}}$	34.32.3	1,0625	0,0937	1,5209427	
b^{14}	14.13.15	1,0769	1,1538	1,3086150	
U $d^{\frac{1}{15}} d^{\frac{1}{11}} b^{\frac{1}{20}}$	44.40.3	1,1000	0,0750	1,6258494	
b^{10}	10.9.11	1,1111	1,2222	1,1665668	

	NOTATIONS.		Rapports des caractéristiques.		log. M	log. s = 0,0118110
			$\frac{h}{k}$	$\frac{l}{k}$		
	$d^{\frac{17}{2}}$	19.17.15	1,1176	0,8824	1,1820118	$s = 1,02764$
	b^9	9.8.10	1,1250	1,2500	1,1224649	$2s = 2,05528$
						$3s = 3,08292$
x'	$d^{\frac{1}{5}}\ d^{\frac{1}{5}}\ b^{\frac{1}{11}}$	16.14.3	1,1429	0,2143	1,1876020	$4s = 4,11056$
						$5s = 5,13820$
	d^7	876	1,1429	0,8571	0,9865525	$6s = 6,16584$
	b^8	879	1,1429	1,2857	1,0734342	$7s = 7,19348$
						$8s = 8,22112$
t	$d^{\frac{1}{8}}\ d^{\frac{1}{5}}\ b^{\frac{1}{15}}$	23.20.2	1,1500	0,1000	1,3374813	$9s = 9,24876$
U'	$d^{\frac{1}{14}}\ d^{\frac{1}{9}}\ b^{\frac{1}{24}}$	38.33.1	1,1515	0,0303	1,5536097	
	$d^{\frac{19}{5}}$	22.19.16	1,1579	0,8421	1,4194484	
	d^6	765	1,1667	0,8333	0,9184499	
	b^7	768	1,1667	1,3333	1,0182525	
	$b^{\frac{15}{2}}$	15.13.11	1,1818	1,3636	1,2548327	
x	$d^{\frac{1}{2}}\ d^1\ b^{\frac{1}{4}}$	651	1,2000	0,2000	0,7527625	
	d^5	654	1,2000	0,8000	0,8380826	
	b^6	657	1,2000	1,4000	0,9551904	

NOTATIONS.		Rapports des caractéristiques.		log. M	log. s = 0,0118410
		$\dfrac{h}{k}$	$\dfrac{l}{k}$		
a	$b^{\frac{17}{3}}$	17.14.20	1,2143	1,4286	1,4091314	$s = 1,02764$
	$d^{\frac{1}{26}}\, d^{\frac{1}{11}}\, b^{\frac{1}{49}}$	25.20.4	1,2500	0,2000	1,3667761	$2s - 2,05528$
						$3s - 3,08292$
	d^4	543	1,2500	0,7500	0,7403538	$4s - 4,11056$
						$5s - 5,13820$
	b^3	546	1,2500	1,5000	0,8816954	$6s - 6,16584$
	$d^{\frac{19}{5}}$	24.19.14	1,2632	0,7368	1,4170250	$7s - 7,19348$
						$8s - 8,22112$
II	$d^{\frac{1}{7}}\, d^{\frac{1}{5}}\, b^{\frac{1}{12}}$	19.15.2	1,2667	0,1333	1,2422286	$9s - 9,24876$
	$d^{\frac{11}{5}}$	14.11.8	1,2727	0,7273	1,1796986	
	$d^{\frac{7}{2}}$	9.7.5	1.2857	0,7143	0,9835188	
	$b^{\frac{9}{2}}$	9.7.11	1,2857	1,5714	1,1409079	
v'''	$d^{\frac{1}{33}}\, d^{\frac{1}{12}}\, b^{\frac{1}{58}}$	91.70.13	1,3000	0,1857	1,9220730	
v'	$d^{\frac{1}{9}}\, d^{\frac{1}{5}}\, b^{\frac{1}{16}}$	25.19.4	1,3158	0,2105	1,3610875	
v	$d^{\frac{1}{5}}\, d^1\, b^{\frac{1}{5}}$	861	1,3333	0,1667	0,8622511	
F	$d^{\frac{1}{7}}\, d^{\frac{1}{2}}\, b^{\frac{1}{13}}$	20.15.4	1,3333	0,2667	1,2666586	
Ω	$d^{\frac{1}{11}}\, d^{\frac{1}{5}}\, b^{\frac{1}{21}}$	32.24.7	1,3333	0,2917	1,4728215	

NOTATIONS.		Rapports des caractéristiques.		log. M	log.s = 0,0118410
		$\dfrac{h}{k}$	$\dfrac{l}{k}$		
	d^3	432	1,3333	0,6667	0,6166321	$s = 1,02764$
	b^4	435	1,3333	1,6667	0,7938050	$2s - 2,05528$
Ω'	$d^{\frac{1}{13}}\, d^{\frac{1}{3}}\, b^{\frac{1}{24}}$	37.27.8	1,3704	0,2963	1,5331199	$3s - 3,08292$
v''	$d^{\frac{1}{19}}\, d^{\frac{1}{5}}\, b^{\frac{1}{32}}$	51.37.8	1,3784	0,2162	1,6660949	$4s - 4,11056$
	$d^{\frac{5}{2}}$	753	1,4000	0,6000	0,8417431	$5s - 5,13820$
	$b^{\frac{7}{2}}$	759	1,4000	1,8000	1,0436046	$6s - 6,16584$
I	$d^{\frac{1}{18}}\, d^{\frac{1}{2}}\, b^{\frac{1}{35}}$	53.37.15	1,4324	0,4054	1,6944251	$7s - 7,19348$
C	$d^{\frac{1}{9}}\, d^{\frac{1}{2}}\, b^{\frac{1}{13}}$	22.15.2	1,4667	0,1333	1,2916621	$8s - 8,22112$
Ψ	$d^{\frac{1}{25}}\, d^{\frac{1}{4}}\, b^{\frac{1}{41}}$	22.15.4	1,4667	0,2667	1,2985415	$9s - 9,24876$
H	$d^{\frac{1}{61}}\, d^1\, b^{\frac{1}{27}}$	88.60.35	1,4667	0,5833	1,9323403	
Φ	$d^{\frac{1}{10}}\, d^{\frac{1}{2}}\, b^{\frac{1}{13}}$	25.17.3	1,4706	0,1765	1,3487231	
y	$d^{\frac{1}{5}}\, d^1\, b^{\frac{1}{7}}$	12.8.1	1,5000	0,1250	1,0265923	
D	$d^{\frac{1}{7}}\, d^1\, b^{\frac{1}{11}}$	641	1,5000	0,2500	0,7314059	
z	$d^{\frac{1}{9}}\, d^1\, b^{\frac{1}{15}}$	24.16.5	1,5000	0,3125	1,3377476	

NOTATIONS.			Rapports des caractéristiques.		log. M	log.s = 0,0118440
			$\dfrac{h}{k}$	$\dfrac{l}{k}$		
c'	$d^{\frac{1}{16}}\, d^1\, b^{\frac{1}{29}}$	15.10.4	1,5000	0,4000	1,1410189	$s = 1,02764$
	d^2	321	1,5000	0,5000	0,4522939	$2s - 2,05528$
	e_5	645	1,5000	1,2500	0,8649507	$3s - 3,08292$
	b^5	324	1,5000	2,0000	0,6849996	$4s - 4,11056$
c''	$d^{\frac{1}{43}}\, d^1\, b^{\frac{1}{80}}$	41.27.12	1,5185	0,4444	1,5808307	$5s - 5,13820$
c	$d^{\frac{1}{36}}\, d^{\frac{1}{2}}\, b^{\frac{1}{63}}$	99.65.25	1,5231	0,3846	1,9577863	$6s - 6,16584$
S'	$d^{\frac{1}{11}}\, d^1\, b^{\frac{1}{18}}$	29.19.6	1,5263	0,3158	1,4187926	$7s - 7,19348$
y'	$d^{\frac{1}{11}}\, d^{\frac{1}{2}}\, b^{\frac{1}{13}}$	26.17.2	1,5294	0,1176	1,3609509	$8s - 8,22112$
	$d^{\frac{17}{9}}$	26.17.8	1,5294	0,4706	1,3849725	$9s - 9,24876$
M	$d^{\frac{1}{28}}\, d^{\frac{1}{4}}\, b^{\frac{1}{41}}$	23.15.3	1,5333	0,2000	1,3107173	
ou M	$d^{\frac{1}{7}}\, d^1\, b^{\frac{1}{10}}$	17.11.2	1,5455	0,1818	1,1781187	
S''	$d^{\frac{1}{13}}\, d^1\, b^{\frac{1}{21}}$	34.22.7	1,5455	0,3182	1,4871071	
i	$d^{\frac{1}{18}}\, d^{\frac{1}{2}}\, b^{\frac{1}{27}}$	45.29.7	1,5517	0,2414	1,6035955	
	$d^{\frac{9}{5}}$	14.9.4	1,5556	0,4444	1,1119325	

	NOTATIONS.		Rapports des caractéristiques.		$log.\ M$	$lgo.s = 0{,}0118410$
			$\dfrac{h}{k}$	$\dfrac{l}{k}$		
i'	$d^{\overline{9}}\ d^1\ b^{\overline{15}}$	22.14.3	1,5714	0,2143	1,2906042	$s = 1{,}02764$
S^{III}	$d^{\overline{17}}\ d^1\ b^{\overline{27}}$	44.28.9	1,5714	0,3214	1,5981211	$2s - 2{,}05528$
	$d^{\overline{\tfrac{7}{4}}}$	11.7.3	1,5714	0,4286	1,0048290	$3s - 3{,}08292$
						$4s - 4{,}11056$
u	$d^{\overline{8}}\ d^1\ b^{\overline{3}}$	11.7.6	1,5714	0,8571	1,0569634	$5s - 5{,}13820$
	$b^{\overline{\tfrac{11}{4}}}$	11.7.15	1,5714	2,1429	1,2554192	$6s - 6{,}16584$
						$7s - 7{,}19348$
S	$d^{\overline{21}}\ d^1\ b^{\overline{55}}$	54.34.11	1,5882	0,3235	1,6864877	$8s - 8{,}22112$
ou						$9s - 9{,}24876$
S	$d^{\overline{41}}\ d^{\overline{2}}\ b^{\overline{64}}$	35.22.7	1,5909	0,3182	1,4976759	
	$d^{\overline{\tfrac{5}{3}}}$	852	1,6000	0,4000	0,8625904	
	$d^{\overline{\tfrac{15}{8}}}$	21.13.5	1,6154	0,3846	1,2797684	
S^{IV}	$d^{\overline{11}}\ d^1\ b^{\overline{63}}$	101.64.21	1,6250	0,3281	1,9699889	
	$d^{\overline{\tfrac{8}{3}}}$	13.8.3	1,6250	0,3750	1,0703306	
	$d^{\overline{\tfrac{3}{2}}}$	531	1,6667	0,3333	0,6508149	
$\square$	$d^{\overline{15}}\ d^1\ b^{\overline{7}}$	20.12.7	1,6667	0,5833	1,2747189	
	c_4	534	1,6667	1,3333	0,7747606	

NOTATIONS.			Rapports des caractéristiques.		log . M	$log.s = 0,0118410$
			$\dfrac{h}{k}$	$\dfrac{l}{k}$		
	$d^{\frac{19}{13}}$	32.19.6	1,6842	0,3158	1,4553109	$s = 1,02764$
d	$d^{\frac{1}{102}}d^1 b^{\frac{1}{169}}$	171.101.34	1,6931	0,3366	2,1842267	$2s - 2,05528$
						$3s - 3,08292$
	$d^{\frac{10}{7}}$	17.10.3	1,7000	0,3000	1,1792042	$4s - 4,11056$
						$5s - 5,13820$
	$d^{\frac{7}{5}}$	12.7.2	1,7143	0,2857	1,0267516	$6s - 6,16584$
	$d^{\frac{11}{8}}$	19.11.3	1,7273	0,2727	1,2253160	$7s - 7,19348$
						$8s - 8,22112$
	$d^{\frac{23}{17}}$	40.23.6	1,7391	0,2609	1,5477581	$9s - 9,24876$
	$d^{\frac{4}{5}}$	741	1,7500	0,2500	0,7900497	
	$b^{\frac{7}{5}}$	7.4.10	1,7500	2,5000	1,0726977	
	$d^{\frac{9}{7}}$	16.9.2	1,7778	0,2222	1,1473550	
	$d^{\frac{5}{4}}$	951	1,8000	0,2000	0,8962926	
	$d^{\frac{6}{5}}$	11.6.1	1,8333	0,1667	0,9819592	
	$d^{\frac{13}{11}}$	24.13.2	1,8462	0,1538	1,3202956	
	$d^{\frac{7}{6}}$	13.7.1	1,8571	0,1429	1,0536518	
	$d^{\frac{8}{7}}$	15.8.1	1,8750	0,1250	1,1152598	

NOTATIONS.		Rapports des caractéristiques.		*log.* M	*log.s* = 0,0118440
		$\frac{h}{k}$	$\frac{l}{k}$		
f	$d^{\frac{1}{13}}\ d^1\ b^{\frac{1}{10}}$ 23.12.4	1,9167	0,3333	1,3082074	$s = 1,02764$
					$2s - 2,05528$
	Isoscéloèdres :	$\frac{h}{k} = 2$			$3s - 3,08292$
					$4s - 4,11056$
G	$d^{\frac{1}{13}}\ d^1\ b^{\frac{1}{11}}$ 841		0,2500	0,8452205	$5s - 5,13820$
$\grave{o}$	$d^{\frac{1}{10}}\ d^1\ b^{\frac{1}{8}}$ 631		0,3333	0,7237933	$6s - 6,16584$
L	$d^{\frac{1}{9}}\ d^1\ b^{\frac{1}{7}}$ 16.8.3		0,3750	1,1518666	$7s - 7,19348$
					$8s - 8,22112$
Γ	$d^{\frac{1}{8}}\ d^1\ b^{\frac{1}{6}}$ 14.7.3		0,4286	1,0969083	$9s - 9,24876$
ξ	$d^{\frac{1}{7}}\ d^1\ b^{\frac{1}{5}}$ 421		0,5000	0,5574329	
α	$d^{\frac{1}{5}}\ d^1\ b^{\frac{1}{3}}$ 843		0,7500	0,8788830	
	e_3 423		1,5000	0,6636668	
s	$d^{\frac{1}{11}}\ d^{\frac{1}{4}}\ b^{\frac{1}{3}}$ 14.7.12		1,7143	1,2348964	
	b^2 213		3,0000	0,5440461	
	Scalénoèdres inverses :	$\frac{h}{k} > 2$			
Γ'	$d^{\frac{1}{25}}\ d^{\frac{1}{4}}\ b^{20}$ 15.7.3	2,1429	0,4286	1,1255132	

NOTATIONS.		Rapports des caractéristiques.		$\log. M$	$\log. s = 0,0118410$
		$\dfrac{h}{k}$	$\dfrac{l}{k}$		
Δ	$d^{\frac{1}{7}}\ d^1\ b^{\frac{1}{6}}$	13.6.2	2,1667	0,3333	1,0588188	$s = 1,02764$
$\times$	$d^{\frac{1}{8}}\ d^{\frac{1}{2}}\ b^{\frac{1}{5}}$	13.6.5	2,1667	0,8333	1,0919067	$2s - 2,05528$
φ	$d^{\frac{1}{6}}\ d^1\ b^{\frac{1}{5}}$	11.5.2	2,2000	0,4000	0,9891144	$3s - 3,08292$
$\odot$	$d^{\frac{1}{11}}\ d^{\frac{1}{2}}\ b^{\frac{1}{9}}$	20.9.4	2,2222	0,4444	1,2508324	$4s - 4,11056$
β	$d^{\frac{1}{5}}\ d^1\ b^{\frac{1}{4}}$	942	2,2500	0,5000	0,9068257	$5s - 5,13820$
β'	$d^{\frac{1}{23}}\ d^{\frac{1}{5}}\ b^{19}$	14.6.3	2,3333	0,5000	1,0982936	$6s - 6,16584$
	$c\frac{3}{2}$	735	2,3333	1,6667	0,8986026	$7s - 7,19348$
b	$d^{\frac{1}{19}}\ d^{\frac{1}{3}}\ b^{\frac{1}{21}}$	40.16.1	2,5000	0,0625	1,5426502	$8s - 8,22112$
ψ	$d^{\frac{1}{8}}\ d^{\frac{1}{2}}\ b^{\frac{1}{7}}$	521	2,5000	0,5000	0,6508149	$9s - 9,24876$
γ	$d^{\frac{1}{3}}\ d^1\ b^{\frac{1}{2}}$	522	2,5000	1,0000	0,6819052	
	$c\frac{7}{3}$	10.4.7	2,5000	1,7500	1,0507951	
	$b^{\frac{5}{3}}$	528	2,5000	4,0000	0,9641184	
ε	$d^{\frac{1}{7}}\ d^{\frac{1}{2}}\ b^{\frac{1}{6}}$	13.5.3	2,6000	0,6000	1,0703306	
τ	$d^{\frac{1}{8}}\ d^{\frac{1}{3}}\ b^{\frac{1}{5}}$	13.5.6	2,6000	1,2000	1,1100476	

NOTATIONS.		Rapports des caractéristiques.		$log.\ M$	$log.s = 0,0118410$
		$\dfrac{h}{k}$	$\dfrac{l}{k}$		
ψ' $\quad d^{\frac{1}{11}} d^{\frac{1}{3}} b^{\frac{1}{10}}$	21.8.4	2,6250	0,5000	1,2741592	$s = 1,02764$
$c_{\frac{1}{4}}$	831	2,6667	0,3333	0,8496050	$2s - 2,05528$
$v \quad d^{\frac{1}{3}} d^{\frac{1}{2}} b^{\frac{1}{3}}$	834	2,6667	1,3333	0,9079291	$3s - 3,08292$
$\pi' \quad d^{\frac{1}{10}} d^{\frac{1}{4}} b^{\frac{1}{7}}$	17.6.7	2,8333	1,1667	1,2183630	$4s - 4,11056$
$c_{\frac{1}{5}}$	621	3,0000	0,5000	0,7314059	$5s - 5,13820$
$l \quad d^{\frac{1}{37}} d^{\frac{1}{13}} b^{\frac{1}{35}}$	24.8.5	3,0000	0,6250	1,3377476	$6s - 6,16584$
$R \quad d^{\frac{1}{19}} d^{\frac{1}{7}} b^{\frac{1}{17}}$	12.4.3	3,0000	0,7500	1,0418385	$7s - 7,19348$
$R' \quad d^{\frac{1}{8}} d^{\frac{1}{3}} b^{\frac{1}{7}}$	15.5.4	3,0000	0,8000	1,1410189	$8s - 8,22112$
$\theta \quad d^{\frac{2}{3}} d^{1} b^{\frac{1}{2}}$	311	3,0000	1,0000	0,4522939	$9s - 9,24876$
$\pi \quad d^{\frac{1}{7}} d^{\frac{1}{3}} b^{\frac{1}{3}}$	12.4.5	3,0000	1,2500	1,0694528	
c_2	312	3,0000	2,0000	0,5228680	
$b^{\frac{3}{2}}$	315	3,0000	5,0000	0,7572141	
$\theta' \quad d^{\frac{1}{20}} d^{\frac{1}{8}} b^{\frac{1}{17}}$	37.12.11	3,0833	0,9167	1,5383829	
$c_{\frac{2}{5}}$	10.3.2	3,3333	0,6667	0,9598281	

NOTATIONS.		Rapports des caractéristiques.		$log.\ M$	$log.s = 0,0118410$
		$\dfrac{h}{k}$	$\dfrac{l}{k}$		
ρ'　$d^{\frac{1}{23}}\,d^{\frac{1}{11}}\,b^{\frac{1}{17}}$　40.12.17		3,3333	1,4167	1,5966998	$s = 1,02764$
χ　$d^{\frac{1}{6}}\,d^{\frac{1}{3}}\,b^{\frac{1}{4}}$　10.3.5		3,3333	1,6667	1,0099547	$2s — 2,05528$
$e^{\frac{3}{7}}$　14.4.3		3,5000	0,7500	1,1090690	$3s — 3,08292$
w　$d^{\frac{5}{11}}\,d^{1}\,b^{\frac{1}{2}}$　722		3,5000	1,0000	0,8172918	$4s — 4,11056$
					$5s — 5,13820$
ρ　$d^{\frac{1}{4}}\,d^{\frac{1}{2}}\,b^{\frac{1}{3}}$　723		3,5000	1,5000	0,8417431	$6s — 6,16584$
$e^{\frac{9}{5}}$　14.4.9		3,5000	2,2500	1,1894158	$7s — 7,19348$
					$8s — 8,22112$
σ　$d^{\frac{1}{5}}\,d^{\frac{1}{3}}\,b^{\frac{1}{2}}$　726		3,5000	3,0000	0,9403926	$9s — 9,24876$
q　$d^{\frac{13}{28}}\,d^{1}\,b^{\frac{1}{2}}$　18.5.5		3,6000	1,0000	1,2271869	
Υ　$d^{\frac{1}{10}}\,d^{\frac{1}{5}}\,b^{\frac{1}{8}}$　18.5.7		3,6000	1,4000	1,2452281	
$e^{\frac{7}{4}}$　11.3.7		3,6667	2,3333	1,0841815	
$e^{\frac{1}{2}}$　411		4,0000	1,0000	0,5734923	
ω　$d^{\frac{1}{9}}\,d^{\frac{1}{5}}\,b^{\frac{1}{7}}$　16.4.7		4,0000	1,7500	1,2061079	
Q　$d^{\frac{1}{7}}\,d^{\frac{1}{4}}\,b^{\frac{1}{5}}$　412		4,0000	2,0000	0,6166321	
$e^{\frac{5}{3}}$　825		4,0000	2,5000	0,9451853	

NOTATIONS.		Rapports des caractéristiques.		log. M	$log.s = 0,0118410$
		$\dfrac{h}{k}$	$\dfrac{l}{k}$		
Θ' $\quad d^{\frac{1}{22}} d^{\frac{1}{13}} b^{\frac{1}{17}}$	13.3.6	4,3333	2,0000	1,1227502	$s = 1,02764$
$\quad c\frac{6}{11}$	22.5.6	4,4000	1,2000	1,3197407	$2s - 2,05528$
$\Theta \quad d^{\frac{1}{5}} d^{\frac{1}{3}} b^{\frac{1}{4}}$	924	4,5000	2,0000	0,9606930	$3s - 3,08292$
$\Lambda \quad d^{\frac{1}{16}} d^{\frac{1}{10}} b^{\frac{1}{11}}$	925	4,5000	2,5000	0,9835188	$4s - 4,11056$
$m' \quad d^{\frac{1}{17}} d^{\frac{1}{11}} b^{\frac{1}{10}}$	926	4,5000	3,0000	1,0085063	$5s - 5,13820$
					$6s - 6,16584$
$\eta \quad d^{\frac{1}{13}} d^{\frac{1}{7}} b^{\frac{1}{17}}$	10.2.1	5,0000	0,5000	0,9647801	$7s - 7,19348$
$N \quad d^{\frac{1}{9}} d^{\frac{1}{5}} b^{\frac{1}{11}}$	20.4.3	5,0000	0,7500	1,2690661	$8s - 8,22112$
$N' \quad d^{\frac{1}{17}} d^{\frac{1}{10}} b^{\frac{1}{18}}$	35.7.9	5,0000	1,2857	1,5230990	$9s - 9,24876$
$\quad c\frac{3}{5}$	10.2.3	5,0000	1,5000	0,9848215	
$h \quad d^{\frac{1}{11}} d^{\frac{1}{7}} b^{\frac{1}{9}}$	20.4.9	5,0000	2,2500	1,3112308	
$Q' \quad d^{\frac{1}{17}} d^{\frac{1}{11}} b^{\frac{1}{13}}$	10.2.5	5,0000	2,5000	1,0200855	
$\Lambda' \quad d^{\frac{1}{23}} d^{\frac{1}{13}} b^{\frac{1}{17}}$	40.8.21	5,0000	2,6250	1,6272969	
$\quad e\frac{3}{2}$	513	5,0000	3,0000	0,7403538	
$\quad b^{\frac{3}{4}}$	519	5,0000	9,0000	1,0090148	

NOTATIONS.		Rapports des caractéristiques.		$\log. M$	$\log.s = 0,0118410$
		$\dfrac{h}{k}$	$\dfrac{l}{k}$		
T $d^{\frac{1}{6}}\, d^{\frac{1}{4}}\, b^{\frac{1}{5}}$ 11.2.5		5,5000	2,5000	1,0547741	$s = 1,02764$
o' $d^{\frac{1}{48}}\, d^{\frac{1}{53}}\, b^{\frac{1}{57}}$ 85.15.44		5,6667	2,9333	1,9559651	$2s - 2,05528$
$\dfrac{c_2}{3}$ 612		6,0000	2,0000	0,7727189	$3s - 3,08292$
					$4s - 4,11056$
$\dfrac{c_7}{5}$ 12.2.7		6,0000	3,5000	1,1207164	$5s - 5,13820$
T' $d^{\frac{1}{7}}\, d^{\frac{1}{5}}\, b^{\frac{1}{6}}$ 13.2.6		6,5000	3,0000	1,1324030	$6s - 6,16584$
					$7s - 7,19348$
o $d^{\frac{1}{57}}\, d^{\frac{1}{27}}\, b^{\frac{1}{28}}$ 65.10.36		6,5000	3,6000	1,8497810	$8s - 8,22112$
m $d^{\frac{1}{20}}\, d^{\frac{1}{15}}\, b^{\frac{1}{15}}$ 33.5.22		6,0000	4,4000	1,5801409	$9s - 9,24876$
λ $d^{\frac{2}{5}}\, d^{1}\, b^{\frac{1}{2}}$ 711		7,0000	1,0000	0,8218627	
$\dfrac{c_4}{3}$ 714		7,0000	4,0000	0,8870476	
μ $d^{\frac{1}{21}}\, d^{\frac{1}{15}}\, b^{\frac{1}{29}}$ 50.6.7		8,3333	1,6667	1,6795718	
$\dfrac{e_5}{4}$ 915		9,0000	5,0000	0,9971387	
n $d^{\frac{3}{4}}\, d^{1}\, b^{\frac{1}{2}}$ 10.1.1		10,0000	1,0000	0,9819592	
A $d^{\frac{1}{15}}\, d^{\frac{1}{13}}\, b^{\frac{1}{7}}$ 22.2.21		11,0000	10,5000	1,4764420	
n' $d^{\frac{1}{14}}\, d^{\frac{1}{11}}\, b^{\frac{1}{22}}$ 12.1.1		12,0000	1,0000	1,0635972	

NOTATIONS.		Rapports des caractéristiques.		$log.\ M$	$log.s = 0,0118440$
		$\dfrac{h}{k}$	$\dfrac{l}{k}$		
X $\quad d^{\frac{1}{13}}\, d^{\frac{1}{11}}\, b^{\frac{1}{12}}$	25.2.12	12,5000	6,0000	1,4307613	$s = 1,02764$
K $\quad d^{\frac{1}{19}}\, d^{\frac{1}{16}}\, b^{\frac{1}{32}}$	17.1.1	17,0000	1,0000	1,2188972	$2s - 2,05528$
$\dfrac{c9}{8}$	17.1.9	17,0000	9,0000	1,2758706	$3s - 3,08292$
V $\quad d^{\frac{1}{31}}\, d^{\frac{1}{28}}\, b^{\frac{1}{33}}$	64.3.26	21,3333	8,6667	1,8317414	$4s - 4,11056$
E $\quad d^{\frac{1}{61}}\, d^{\frac{1}{54}}\, b^{\frac{1}{114}}$	175.7.1	25,0000	0,1429	2,2345429	$5s - 5,13820$
P $\quad d^{\frac{1}{57}}\, d^{\frac{1}{54}}\, b^{\frac{1}{44}}$	27.1.9	27,0000	9,0000	1,4477772	$6s - 6,16584$
B $\quad d^{\frac{1}{11}}\, d^{\frac{1}{10}}\, b^{\frac{1}{20}}$	31.1.1	31,0000	1,0000	1,4847144	$7s - 7,19348$
ou $\quad d^{\frac{1}{73}}\, d^{\frac{1}{67}}\, b^{\frac{1}{137}}$	70.2.1	35,0000	0,5000	1,8390327	$8s - 8,22112$
					$9s - 9,24876$

Classification des formes de la calcite, d'après les rhomboèdres sur les arêtes desquels elles constituent des biseaux.

Soit $P\,(hkl)$ le pôle de la face génératrice d'un scalénoèdre direct $(h < 2k)$. En le joignant (fig. 64) par un arc de grand cercle à $d'\,(210)$, on obtient en 1 un rhomboèdre direct : $(2k - h)\,(2k - h)\,l$, dont la face hkl peut être considérée comme une modification de la forme $d^{\frac{m}{n}}$. La face inférieure-antérieure de droite du rhomboèdre cité étant : $(2k - h)\,0\,\bar{l}$, d'après un principe démontré page 174, on doit avoir :

$$m\,|(2k - h)\,(2k - h)\,l| + n\,|(2k - h)\,0\bar{l}| = hkl;$$

on tire de là :

$$\frac{m}{n} = \frac{k}{h - k}$$

c'est-à-dire que :

$$hkl = d^{\frac{k}{h-k}} \text{ du rhomboèdre } (2k - h)\,(2k - h)\,l. \quad (1)$$

En joignant hkl à $d'\,(120)$, on obtient en 2 le rhomboèdre direct $(2h - k)\,(2h - k)\,l$, sur les arêtes b duquel hkl forme un biseau. La face adjacente à la face citée, suivant l'arête b de droite étant $0\,(\overline{2h - k})\,l$, si $b^{\frac{m}{n}}$ est la notation demandée, on doit avoir :

$$m\,|(2h - k)\,(2h - k)\,l| + n\,|0\,(\overline{2h - k})\,l| = hkl;$$

d'où :

$$\frac{m}{n} = \frac{h}{h - k},$$

de sorte que :

$$hkl = \left(b^{\frac{h}{h-k}}\right)_{(2h - k)(2h - k)\,l} \quad (2)$$

En joignant enfin hkl à d^1 ($1\bar{1}0$), on obtient en 3 le rhomboèdre inverse $(h + k)\, 0\, l$, dont hkl représente une modification de la forme $b^{\overset{m}{-}}$ sur l'arête b antérieure. On trouve, comme précédemment, que :

$$hkl = \left(l,^{\frac{h}{k}} \right)_{(h + k)\, 0\, l} . \qquad (3)$$

Si le scalénoèdre était inverse $(h > 2k)$, le pôle P de sa face génératrice, au lieu de se trouver dans l'angle $Aa^1 x$ serait situé dans l'angle $Ca^1 x$: par des constructions et des raisonnements analogues, on obtiendrait :

$$hkl = \left(d^{\frac{h - k}{k}} \right)_{(h - 2k)\, 0\, l}$$

$$hkl = \left(b^{\frac{h}{h - k}} \right)_{(2h - k)\,(2h - k)\, l}$$

$$hkl = \left(b^{\frac{h}{k}} \right)_{(h + k)\, 0\, l} .$$

En appliquant ces formules aux différentes formes de la calcite, on trouve que, presque toutes, elles constituent des biseaux sur les arêtes de rhomboèdres connus. Ainsi :

$$D = 641 \text{ est le } b^3 \text{ de } e^{\frac{17}{7}} \ (881),$$

$$Q = 412 \text{ est le } d^3 \text{ de } e^{\frac{1}{2}}, \text{ ou le } b^1 \text{ de } e^{\frac{8}{7}} \ (502),$$

$$R = 12.4.3 \text{ est le } d^2 \text{ de } e^{\frac{5}{7}} \ (403),$$

$$N = 20.4.3 \text{ est le } b^5 \text{ de } e^{\frac{5}{3}} \ (801),$$

$$n' = 12.1.1 \text{ est le } b^{12} \text{ de } e^{\frac{25}{14}} \ (13.0.1),$$

et ainsi de suite.

Voici le tableau général, dans lequel à côté de chaque rhomboèdre nous avons placé les formes que l'on peut en dériver par des biseaux placés sur ses arêtes :

Rhomboèdres.	Scalénoèdres formant des biseaux sur les arêtes du rhomboèdre
a^2 (114)	$e_4 = d^{\frac{3}{2}}_{(3)},\ f_{25.12.4} = d^{\frac{12}{11}}_{u^2}.$
a^3 (225)	$e_5 = d^2.$
a^4 (112)	$u = d^{\frac{7}{4}}.$
p (111)	Série des $d^{\frac{m}{n}}_{p}$ et $b^{\frac{m}{n}}_{p}$.
e^6 (774)	$e_4 = b^{\frac{5}{2}}.$
e^4 (552)	$u = b^{\frac{11}{4}},\ F = d^3,\ M_{17.11.2} = d^{\frac{11}{6}}.$
$e^{\frac{7}{2}}$ (331)	$\Phi = d^{\frac{17}{8}}.$
$e^{\frac{10}{3}}$ (13.13.4)	$\nu = b^{\frac{8}{5}}\ \ v' = d^{\frac{19}{6}}.$
e^3 (441)	$\square = b^{\frac{5}{2}},\ \alpha = b^2,\ \varkappa = b^{\frac{13}{7}},\ \gamma = b^{\frac{5}{3}},\ \pi' = b^{\frac{17}{11}},$ $\pi = b^{\frac{3}{2}},\ \rho' = b^{\frac{10}{7}},\ \rho = b^{\frac{7}{3}},\ \omega = b^{\frac{4}{3}},\ \Theta = b^{\frac{9}{7}},$ $h = b^{\frac{5}{4}},\ T = b^{\frac{11}{9}},\ T' = b^{\frac{13}{11}},\ X = b^{\frac{25}{23}},\ x' = d^7,$ $x = d^5,\ v = d^3,\ C = d^{\frac{15}{7}},\ y = d^2,\ y' = d^{\frac{17}{9}}.$
$e^{\frac{11}{4}}$ (551)	$c' = b^3,\ \theta = b^{\frac{3}{2}}.$
$e^{\frac{13}{5}}$ (661)	$x' = b^8,\ \xi = b^2,\ w = b^{\frac{7}{5}}.$
$e^{\frac{5}{2}}$ (771)	$x = b^6,\ \Gamma = b^2,\ \beta = b^{\frac{9}{5}},\ N' = b^{\frac{5}{4}}.$
$e^{\frac{17}{7}}$ (881)	$D = b^3,\ \psi = b^{\frac{5}{3}},\ l = b^{\frac{3}{2}},\ e_3 = b^{\frac{7}{5}}.$
$e^{\frac{7}{3}}$ (10.10.1)	$v = b^4,\ i' = b^{\frac{11}{4}},\ \Delta = b^{\frac{13}{7}},\ \Xi = d^{16}.$

Rhomboèdres.	Scalénoèdres formant des biseaux sur les arêtes du rhomboèdre
$e^{\frac{9}{4}}$ (13.13.1)	$t = b^{\frac{23}{3}}$, $\lambda = b^{\frac{7}{6}}$.
$e^{\frac{11}{5}}$ (16.16.1)	$U = b^{11}$, $y = b^3$.
$e^{\frac{10}{9}}$ (28.28.1)	$U' = d^{\frac{33}{5}}$.
b^1 (102)	$\sigma = d^{\frac{5}{2}}$, $\nu = d^{\frac{5}{3}}$, $\tau = d^{\frac{8}{5}}$, $\beta = d^{\frac{5}{4}}$, $\odot = d^{\frac{11}{9}}$, $\varphi = d^{\frac{6}{5}}$, $\Delta = d^{\frac{7}{6}}$.
$e^{\frac{1}{5}}$ (203)	$\beta' = d^{\frac{4}{3}}$.
$e^{\frac{1}{3}}$ (405)	$\chi = d^{\frac{7}{3}}$.
$e^{\frac{1}{2}}$ (101)	$\Lambda = d^{\frac{7}{2}}$, $Q = d^3$, $\theta = d^2$, $\varepsilon = d^{\frac{8}{5}}$, $\psi = d^{\frac{3}{2}}$.
$e^{\frac{3}{5}}$ (807)	$A = b^{11}$, $\Lambda' = d^4$, $\omega = d^3$, $\Upsilon_{18.3.7} = d^{\frac{13}{5}}$.
$e^{\frac{7}{11}}$ (605)	$Q' = d^4$.
$e^{\frac{2}{3}}$ (504)	$o = d^{\frac{11}{2}}$, $o' = d^{\frac{14}{3}}$, $R' = d^2$, $\psi'_{21.8.4} = d^{\frac{13}{8}}$.
$e^{\frac{5}{7}}$ (403)	$h = d^4$, $R = d^2$.
$e^{\frac{4}{5}}$ (302)	$\sigma = b^{\frac{7}{2}}$, $T' = d^{\frac{11}{2}}$, $w = d^{\frac{5}{2}}$.
e^1 (201)	$e_{\frac{9}{8}} = b^{17}$, $e_{\frac{5}{4}} = b^9$, $e_{\frac{4}{3}} = b^7$, $e_{\frac{7}{5}} = b^6$, $e_{\frac{3}{2}} = b^5$, $e_{\frac{5}{3}} = b^4$, $e_{\frac{7}{4}} = b^{\frac{11}{3}}$, $e_{\frac{9}{5}} = b^{\frac{7}{2}}$, $e_2 = b^3$, $e_{\frac{7}{3}} = b^{\frac{5}{2}}$,

Rhomboèdres.	Scalénoèdres formant des biseaux sur les arêtes du rhomboèdre
	$e_{\frac{5}{2}} = b^{\frac{7}{3}},\ e_3 = b^2,\ e_4 = b^{\frac{5}{3}},\ e_5 = b^{\frac{3}{2}},\ e_{\frac{2}{3}} = d^5,$ $e_{\frac{3}{5}} = d^4,\ e_{\frac{6}{11}} = d^{\frac{17}{5}},\ e_{\frac{1}{2}} = d^3,\ e_{\frac{3}{7}} = d^{\frac{5}{2}},\ e_{\frac{2}{5}} = d^{\frac{7}{3}},$ $e_{\frac{1}{3}} = d^2,\ e_{\frac{1}{4}} = d^{\frac{5}{3}}.$
$e^{\frac{19}{17}}(12.0.5)$	$Q' = b^5.$
$e^{\frac{8}{7}}(502)$	$T' = b^{\frac{13}{2}},\ Q = b^4.$
$e^{\frac{6}{5}}(11.0.4)$	$\nu = b^{\frac{8}{5}}.$
$e^{\frac{5}{4}}(301)$	$\tau = b^{\frac{13}{5}},\ u = b^{\frac{11}{7}}.$
$e^{\frac{7}{5}}(401)$	$\theta = b^3.$
$e^{\frac{16}{11}}(902)$	$w = b^{\frac{7}{2}}.$
$e^{\frac{3}{2}}(501)$	$R' = b^5,\ \lambda = d^6.$
$e^{\frac{5}{3}}(801)$	$\mu = b^{\frac{25}{3}},\ \lambda = b^7,\ N = b^5,\ \varphi = b^{\frac{11}{5}},\ L = b^2,$ $d = b^{\frac{171}{101}},\ S^{IV} = b^{\frac{13}{8}},\ S = b^{\frac{27}{17}},\ S''' = b^{\frac{11}{7}},\ S'' = b^{\frac{47}{44}},$ $S' = b^{\frac{29}{19}},\ z = b^{\frac{3}{2}},\ \Omega' = b^{\frac{37}{27}},\ \Omega = b^{\frac{4}{3}},\ n = d^9,$ $b = d^{\frac{3}{2}}.$
$e^{\frac{17}{10}}(901)$	$\delta = b^2.$
$e^{\frac{19}{11}}(10.0.1)$	$x' = b^{\frac{8}{7}},\ n' = d^{11}.$

Rhomboèdres.	Scalénoèdres formant des biseaux sur les arêtes du rhomboèdre
$e^{\frac{7}{4}}$ (11.0.1)	$n = b^{10}$, $v'' = b^{\frac{31}{37}}$.
$e^{\frac{25}{14}}$(13.0.1)	$n' = b^{12}$.
$e^{\frac{9}{5}}$ (14.0.1)	$M_{17.11.2} = b^{\frac{17}{11}}$, $v = b^{\frac{4}{3}}$.
$e^{\frac{11}{6}}$ (17.0.1)	$\mathrm{II}_{19.13.2} = b^{\frac{19}{13}}$.

Scalénoèdres rapportés aux rhomboèdres résultant de la troncature de leurs arêtes culminantes.

La troncature de l'arête placée sur p d'un scalénoèdre hkl donne le rhomboèdre dont les trois faces adjacentes au sommet e latéral ont pour notation : $(h + k) (h + k) 2l$, $0 \overline{(h + k)} 2l$ et $(h + k) 0. \overline{2l}$. En prenant ces faces respectivement pour plans des xz, zy et xy et en désignant par xyz la nouvelle notation de hkl, on doit avoir (page 174) :

$$x \left\{ 0 \, (\overline{h+k}) \, 2l \right\} + y \left\{ (h+k) (h+k) (2l) \right\} + z \left\{ (h+k) \, 0. \, \overline{2l} \right\} = hkl.$$

On tire de là : $x = \dfrac{h - k}{2 (h + k)}$, $\quad y = \dfrac{1}{2}$, $\quad z = \dfrac{h - k}{2 (h + k)}$.

Donc la notation de hkl, par rapport aux arêtes du rhomboèdre de troncature, sera :

$$d^{\frac{1}{h-k}} \; d^{\frac{1}{h+k}} \; b^{\frac{1}{h-k}} = e_{\frac{h+k}{h-k}}.$$

Ainsi :

$$hkl = e_{\substack{h+k\\h\ \ k}} \text{ du rhomboèdre } (h+k)(h+k)\,2l. \quad (1)$$

En rapportant la forme hkl au rhomboèdre résultant de la troncature sur e^1 de ses arêtes culminantes, on obtient de même :

$$hkl = e_{\substack{2h-k\\k}} \text{ du rhomboèdre } (2h - \cdot k).0.\,2l. \quad (2)$$

En appliquant ces formules, on trouve par exemple que :

$$U = e_{\frac{6}{5}} \text{ de } e^{\frac{\overline{3}}{5}} \ (801), \quad x' = e_{13} \text{ de } e^{\frac{\overline{11}}{4}} \ (551) = e_{\frac{9}{7}} \text{ de } e^{\frac{\overline{5}}{4}} \ (301),$$

$$x = e_{\frac{7}{5}} \text{ de } e^{\frac{\overline{4}}{5}} \ (702), \quad L = e_3 \text{ de } e^5 \ (441) \text{ ou de } e^{\frac{\overline{7}}{5}} \ (401),$$

$$N = e_{\frac{3}{2}} \text{ de } e^5, \qquad d^2 = e_5 \text{ de } e^4 \ (552) = e_2 \text{ de } e^4 \ (201),\ \text{etc.}$$

Parmi les formes non classées dans les tableaux des pages 371-373, il y en a quatre dont on peut fixer la posi- en les rapportant à l'un des rhomboèdres de troncature; ce sont :

$$I = e_{\frac{15}{8}} \text{ de } e^{\frac{\overline{7}}{2}} \ (331), \qquad K = e_{\frac{9}{8}} \text{ de } e^{\frac{\overline{19}}{8}} \ (991),$$

$$G = e_3 \text{ de } e^{\frac{\overline{13}}{5}} \ (661), \qquad m' = e_8 \text{ de } e^{\frac{\overline{5}}{7}} \ (403).$$

$$\eta = e_{\frac{3}{2}} \text{ de } e^{\frac{\overline{13}}{5}} \ (661) = e_9 \text{ de } e^{\frac{\overline{17}}{10}} \ (901).$$

Restent non classées : q, H, Ψ', c, c'', i, V, P, a, v''', Θ', m, θ', Γ', B.

Formules pour passer de la notation d'une face rapportée à

deux axes binaires et à l'axe ternaire

à celle de la même face rapportée aux arêtes du rhomboèdre de clivage.

$k+l > 2h$ Modifications de l'angle a.	$k+l = 2h$ Mod. des arêtes b.	$k+l < 2h$		
		$h+l < 2k$ Modific. de l'angle c antérieur	$h+l = 2k$ Mod. des arêtes d	$h+l > 2k$ Modific. de l'angle c latéral
$hkl = b^{\overline{k+l}}\, b^{\overline{2h}}\, b^{\overline{h+l-2k}}\, b^{\overline{h+k+l}}$	$hkl = b^{\overline{h-k}}$	$hkl = d^{\overline{2h-k-l}}\, d^{\overline{2k-h-l}}\, b^{\overline{h+k+l}}$	$hkl = d^{\overline{h-k}}$	$hkl = d^{\overline{h+l}}\, d^{\overline{2k}}\, d^{\overline{h+k+l}}\, b^{\overline{2h-k-l}}$
Exemples.	$9.7.11 = b^{\overline{2}}$	$16.14.3 = d^{\overline{5}}\, d^{\overline{3}}\, b^{\overline{11}}$	$14.11.8 = d^{\overline{3}}$	$20.9.4 = d^{\overline{2}}\, d^{\overline{11}}\, b^{\overline{9}}$

Cas particuliers :

$h < l$	$h = l$	$h > l$	$2h < l$	$2h = l$	$2h > l$
$hhl = a^{\frac{2h+l}{l-h}}$	$111 = p$	$hhl = e^{\frac{2h+l}{h-l}}$	$10l = a^{\frac{l-2h}{l+h}}$	$102 = b^1$	$h0l = e^{\frac{2h-l}{h+l}}$
Exemples : $447 = a^5$		$992 = e^{\frac{20}{7}}$	$104 = a^{\frac{2}{5}}$		$902 = e^{\frac{16}{11}}$

2° Isoscéloèdres ($h = 2k$).

$$hkl = d^{\frac{1}{3k+l}} d^{\frac{1}{l}} b^{\frac{1}{3k-l}}. \quad \text{Exemple} : 16.8.3 = d^{\frac{1}{9}} d^1 b^{\frac{1}{7}}.$$

3° Faces appartenant à la zone : $pd^4_{1\bar{1}0}$ ($h + k = 2l$).

$$hkl = d^{\frac{1}{h+k}} d^{\frac{1}{h-k}} b^{\frac{1}{h-k}} = e_{\frac{h+k}{h-k}}. \quad \text{Exemple} : 11.3.7 = e_{\frac{7}{4}}.$$

4° Face appartenant à la zone : $e^1 d^4_{210}$ ($h = 2(k+l)$).

$$hkl = d^{\frac{1}{h-2k}} d^{\frac{1}{h}} b^{\frac{1}{h}} = e_{\frac{h-2k}{h}}. \quad \text{Exemple} : 14.4.3 = e_{\frac{3}{7}}.$$

5° Prismes.

$$hk0 = d^{\frac{1}{2h-k}} d^{\frac{1}{2k-h}} b^{\frac{1}{h+k}}. \quad \text{Exemple} : 320 = d^{\frac{1}{4}} d^1 b^{\frac{1}{5}}.$$

Formules pour passer de la notation d'une face rapportée aux arêtes
du rhomboèdre de clivage à la notation de la même face rapportée à deux
axes binaires et à l'axe ternaire.

1° $b^{\frac{1}{m}}\, b^{\frac{1}{n}}\, b^{\frac{1}{p}}\ (m > n > p) = (m - p)\,(m - n)\,(m + n + p)$

2° $d^{\frac{1}{m}}\, d^{\frac{1}{n}}\, b^{\frac{1}{p}}\ (m > n)$.

$m + n < p.$	$m + n = p$ (Prismes).	$m + n > p$	$m - p = 2n$ (Isoscéloèdres)
$d^{\frac{1}{m}}\, d^{\frac{1}{n}}\, b^{\frac{1}{p}} = (m+p)\,(n+p)\,{}'p-m-n)$	$d^{\frac{1}{m}}\, d^{\frac{1}{n}}\, b^{\frac{1}{p}} = (m+p)\,(n+p)\,0$	$d^{\frac{1}{m}}\, d^{\frac{1}{n}}\, b^{\frac{1}{p}} = (m+p)\,(m-n)\,(m+n-p)$	$d^{\frac{1}{m}}\, d^{\frac{1}{n}}\, b^{\frac{1}{p}} = 2(m-n).(m-n).3n$
Exemples : $d^{\frac{1}{2}}\, d^{1}\, b^{\frac{1}{4}} = 651$	$d^{\frac{1}{4}}\, d^{1}\, b^{\frac{1}{5}} = 320$	$d^{\frac{1}{19}}\, d^{\frac{1}{7}}\, b^{\frac{1}{17}} = 12.4.3$	$d^{\frac{1}{5}}\, d^{1}\, b^{\frac{1}{5}} = 843$

3° $b^{\frac{m}{n}} = m\,(m - n)\,(m + n)$. Ex. : $b^{\frac{17}{5}} = 17.14.20$.

4° $d^{\frac{m}{n}} = (m + n)\,m\,(m - n)$. Ex. : $d^{5} = 654$.

5° $e_{\frac{m}{n}}$

$$\frac{m}{n} > 1 \qquad e_m = (m + n)\,(m - n)\,m. \qquad \text{Ex. : } e_5 = 825$$

$\dfrac{m}{a^n}$		$\dfrac{m}{c^n}$	
$\dfrac{m}{n} > 1$	$\dfrac{m}{n} < 1$	$\dfrac{m}{n} > 2$	$\dfrac{m}{n} < 2$
$\dfrac{m}{a^n} = (m-n)(m-n)(m+2n)$	$\dfrac{m}{a^n} = (n-m)\,0\,(m+2n)$	$\dfrac{m}{c^n} = (m+n)(m+n)(m-2n)$	$\dfrac{m}{c^n} = (m+n)\,0\,(2n-m)$
Exemples : $a^7 = 223$	$a^{\frac{2}{5}} = 104$	$c^{\frac{17}{7}} = 881$	$e^{\frac{5}{3}} = 801$

Remarque. — Les formules précédentes donnent la notation de la face génératrice de la forme considérée, c'est-à-dire de celle des deux faces antérieures-supérieures, qui est placée à droite du spectateur. Si l'on s'avance de cette face, désignée par F^1, vers la droite du cristal, et que l'on désigne par F^2, F^3, etc., les faces que l'on rencontre successivement, les 6 faces supérieures d'un scalénoèdre seront données par les formules :

$$(1). \qquad F^1 = hkl, \quad F^2 = (h-k)\,\overline{k}l, \quad F^3 = \overline{h-k.\overline{h}.l}, \quad F^4 = \overline{h.\overline{h-k}.l}, \quad F^5 = \overline{k}(h-k)\,l. \quad F^6 = khl.$$

Les 6 faces inférieures adjacentes aux précédentes suivant les arêtes latérales d, ont pour notation :

$$F_1 = h(h-k)\overline{l}, \quad F_2 = k(\overline{h-k})\,\overline{l}, \quad F_3 = \overline{k\overline{h}l}, \quad F_4 = \overline{h\overline{k}l}, \quad F_5 = \overline{h-k.k.\overline{l}}, \quad F_6 = (h-k)h\overline{l}.$$

Détermination d'un cristal de calcite. Emploi des tables des modules.

Les problèmes nécessaires pour la détermination d'un cristal de calcite peuvent se ramener à deux.

Problème 1.

Calculer l'angle de deux faces hkl, $h'k'l'$.

Ce problème se résout par l'emploi de la formule :

$$(2) \qquad \cos \varphi = \frac{hh' + kk' - \dfrac{1}{2}(hk' + kh') + sll'}{MM'},$$

dans laquelle M et M' sont les modules des formes considérées, modules dont les logarithmes sont donnés dans les tables précédentes. Cette formule se simplifie lorsqu'il s'agit du calcul des angles dièdres d'un scalénoèdre hkl : si φ, ψ, χ représentent respectivement les angles dièdres sur p, sur e^1 et sur d^1, on a :

$$(3) \qquad \begin{aligned} \sin \frac{\varphi}{2} &= \frac{(h-k)\ \sin 60°}{M} \\[1ex] \sin \frac{\psi}{2} &= \frac{k\ \sin 60°}{M} \\[1ex] \cos \frac{\chi}{2} &= \frac{h\ \sin 60°}{M} \end{aligned}$$

1re *Application.* — Calculer l'angle $v^2 \Omega_1$:

$$\left(v = d^{\frac{1}{3}}\ d^1\ b^{\frac{1}{5}},\quad \Omega = d^{\frac{1}{11}}\ d^{\frac{1}{3}}\ b^{\frac{1}{21}}\right).$$

On a : $v = 861$, $\Omega = 32.24.7$; puis les formules (1) de la page 379 donnent :

$v^2 = 2\bar{6}1$, $\Omega_1 = 32.8.\bar{7}.$

$$\cos \varphi = \frac{104 - 7s}{MM'} = \frac{96,80652}{MM'}$$

$$log.\ Num. = 1,9859046 \qquad log.\ M = 0,8622511$$
$$log.\ Dén. = 2,3350726 \qquad log.\ M' = 1,4728215$$

$$log.\ cos\ \varphi = 9,650\,320 \qquad\qquad 2,3350726$$
$$\varphi = 63°24'50'',5.$$

2do *Application.* — Calculer les angles dièdres du scalénoèdre :

$$N = d^{\frac{1}{9}}\ d^{\frac{1}{5}}\ b^{\frac{1}{11}} = 20.4.3.$$

Les formules (3) donnent :

$$sin\ \frac{\varphi}{2} = \frac{16\,sin\,60°}{M}\ ,\ sin\ \frac{\psi}{2} = \frac{4\,sin\,60°}{M}\ ,\ cos\ \frac{\chi}{2} = \frac{20\,sin\,60°}{M}$$

$$log.sin\,60° = 9,9375306 \qquad\qquad 8,6684645$$
$$log.\ M \ = 1,2690661 \qquad log.\ 16 \ = 1,2041200$$

$$8,6684645 \qquad log.sin\frac{\varphi}{2} = 9,8725845$$

$$\frac{\varphi}{2} = 48°13'20'',2$$
$$\varphi = 96°26'40''$$

$$8,6684645 \qquad\qquad 8,6684645$$
$$log.\ 4 \ = 0,6020600 \qquad log.\ 20 \ = 1,3010300$$

$$log.sin\frac{\psi}{2} = 9,2705245 \qquad log.\ cos\frac{\chi}{2} = 9,9694945$$

$$\frac{\psi}{2} = 10°44'41'' \qquad\qquad \frac{\chi}{2} = 21°13'28'',4$$
$$\psi = 21°29'22'' \qquad\qquad \chi = 42°26'57''$$

Problème 2.

Étant donnés les angles α, β, γ que fait une face inconnue avec trois faces connues, chercher sa notation.

Ce problème a été résolu page 175 ; en voici une application numérique.

Soit à déterminer un scalénoèdre X donné (fig. 65) par les incidences suivantes :

XX sur $p = \alpha = 39°43'$ (47'. 37. 46. 43).

$Xp_{\text{clivage}}^{(111)} = \beta = 36°32'$ (32'. 32. 33).

$Xd_{321\,\text{adj.}}^{2} = \gamma = 7°36'\left\{\begin{array}{l}\text{d'un côté } 7°33' \text{ (37'.31.30.33.34).} \\ \text{de l'autre } 7°40' \text{ (42'.40.39.43.35).}\end{array}\right.$

On a, en outre, mesuré :

$Xe_{804}^{\overset{5}{\delta}} = 39°25'$ (25'. 26. 23).

$X\Phi_{25.17.3} = 6°5'$ (5'. 11. $\overline{7}$. 6. 12).

Les formules (3) et (2) de la page 380 donnent :

$$sin\,\frac{\alpha}{2} = \frac{(x-y)\,sin\,60°}{M} \quad (a)$$

$$cos\,\beta = \frac{x + y + 2sz}{2\,Mm} \quad (b)$$

$$cos\,\gamma = \frac{4x + y + 2sz}{2\,Mm'} \quad (c)$$

M, m et m' sont respectivement les modules de la face inconnue, de p et de d^2.

En divisant (b) par (a), puis (c) par (a), on obtient les équations :

$$\frac{x+y+2sz}{x-y} = \frac{2\,sin\,60°}{sin\,\dfrac{\alpha}{2}}\;m\,cos\,\beta = k, \quad (1-k)x + (1+k)y + 2sz = 0$$

$$\frac{4x+y+2sz}{x-y} = \frac{2\,sin\,60°}{sin\,\dfrac{\alpha}{2}}\,m'\,cos\,\gamma = k', \quad (4-k')x + (1+k')y + 2sz = 0.$$

De ces équations on tire : $\left\{\begin{array}{l}\dfrac{x}{y} = \dfrac{k'-k}{k'-k-3} \\[2ex] \dfrac{z}{y} = \dfrac{5k-2k'+3}{2s\,(k'-k-3)}\end{array}\right.$

Calcul de k et de k'

$$log. \, 2 = 0{,}3010300 \qquad\qquad log. \, (^1)\, m = 0{,}1534954$$

$$log. sin \, 60° = 9{,}9375306 \qquad\qquad log. \, cos \, \beta = 9{,}9049916$$

$$\underline{\phantom{log. sin \, 60° = 9{,}937530}} \qquad\qquad 0{,}7074706$$

$$10{,}2385606 \qquad\qquad \underline{\phantom{log. cos \beta = 9{,}904991}}$$

$$log. \, sin \, \frac{\alpha}{2} = 9{,}5310900 \qquad\qquad log. \, k = 0{,}7659576$$

$$\underline{\phantom{log. \, sin \, \frac{\alpha}{2} = 9{,}531090}} \qquad\qquad k = 5{,}83388$$

$$0{,}7074706$$

$$log. \, (^1)\, m' = 0{,}4522939$$

$$log. \, cos \, \gamma = 9{,}9961681$$

$$0{,}7074706 \qquad\qquad \frac{x}{y} = \frac{8{,}48578}{5{,}48578} = 1{,}54687$$

$$\underline{\phantom{log. \, cos \, \gamma = 9{,}996168}}$$

$$log. \, k' = 1{,}1559326 \qquad\qquad \frac{z}{y} = \frac{1{,}76504}{s.5{,}48578} = 0{,}31309.$$

$$k' = 14{,}31966$$

En se reportant au tableau des rapports des caractéristiques, dans lequel les valeurs de $\dfrac{h}{k}$ sont rangées par ordre de grandeur, on trouve (page 358) que le scalénoèdre inconnu est $S'' = d^{\frac{1}{13}} \, d^1 \, b^{\frac{1}{21}} = 34.22.7$, pour lequel $\dfrac{h}{k} = 1{,}5455$, $\dfrac{l}{k} = 0{,}3182$. C'est une des formes trouvées à Rhisnes formant biseau sur les arêtes b de l'isoscéloèdre L.

Vérifions à présent la notation obtenue en comparant les incidences mesurées aux angles calculés pour $S'' = 34.22.7$, comme il est dit dans le problème 1.

____

(¹) Voir pages 350 et 358.

ANGLES.	CALCULÉS.	MESURÉS.
$S''S''$ sur p	$39°34',5$	$39°43'$
$S''p_{111}$	$36°23'$	$36°32'$
$S''d^2_{321}$	$7°41',5$	$7°36'$
$S''e^{\frac{5}{3}}_{801}$	$39°26'$	$39°25'$
$S''\Phi_{25.17.3}$	$5°54',5$	$6°5'$

La concordance est très satisfaisante.

Si les rapports des caractéristiques obtenus par le calcul s'éloignent considérablement de tous ceux qui sont consignés dans les tables précédentes, c'est que la forme considérée est nouvelle. Dans ce cas, on développera les valeurs de $\frac{x}{y}$ et $\frac{z}{y}$ en fraction continue, on prendra pour valeurs de ces rapports des réduites plus ou moins approchées, suivant le degré d'exactitude des mesures; puis, après avoir trouvé le module de la nouvelle forme, on calculera, à l'aide de celui-ci, les angles qui ont servi de point de départ, pour voir si la concordance est suffisante. Le tableau des rapports des caractéristiques indique déjà, à peu près, la région dans laquelle se trouve le pôle de la nouvelle face; mais, pour avoir une idée plus exacte de la position de ce pôle, il vaut mieux le porter sur la projection stéréographique, ce que l'on peut faire rapidement en le déterminant par sa longitude φ et sa latitude λ; φ est l'angle que le grand cercle vertical passant par le pôle considéré fait avec le grand cercle vertical passant par e^2 (110); λ est l'arc du grand cercle vertical passant par le pôle considéré, compris entre ce pôle et l'équateur $e^2 d'$. Ces angles peuvent se calculer par les formules :

$$tg.\ \varphi = tg.\ 60° \frac{h-k}{h+k}$$

$$tg.\ \lambda = C.\ \frac{l}{h}\ sin\ (60°+\varphi).$$

C est un coefficient numérique donné, pour la calcite, par $log.\ C = 0,0683899$. En prenant alors (fig. 64) $AD = \varphi$ et joignant Da', on obtient en DD' la projection du méridien passant par le pôle considéré. En rabattant ce méridien autour de DD sur l'équateur, l'œil vient en O; en prenant $DB = \lambda$ et joignant OB, on obtient en P la projection du pôle considéré.

Les détails donnés dans ces dernières pages, rendront nos tables utiles même aux personnes peu habituées à ce genre de détermination.

Liége, 15 Décembre 1888.

FIGURES.

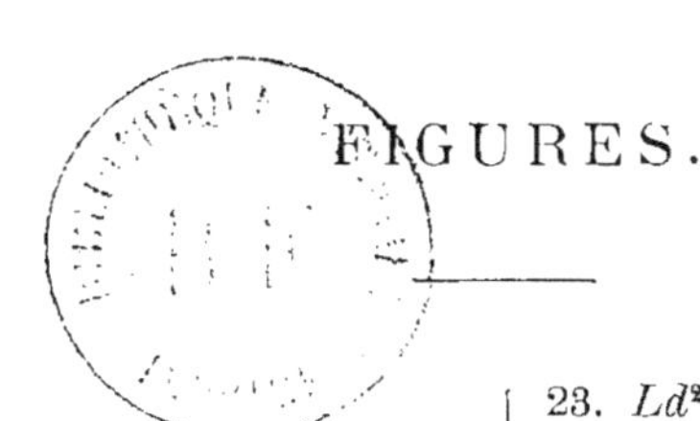

45. Formation du dépôt sur $Le^2d^2\Phi$.

46. Formation de la face Φ.

47. $L\Phi e^2d^2\,li$ hém. a^1 terminé par $d^2e^2e^5\Phi$.

48. Montre comment le dépôt tend à augm. Φ aux dépens de L.

49. $Sd^2\Phi pe^{\overline{\frac{1}{2}}}e^1e^{\overline{\frac{4}{3}}}$ formé autour de Ld^2.

50. Cristaux $Se^{\overline{\frac{7}{5}}}y$ formés autour de $(L)\,(Ld^2p)$.

51. Cristal montrant à l'intér. le cristal de 1re formation.

52. $(VPe^1)(Le_5\,e_{\overline{\frac{}{3}}})(e^2d^2\rho e^{\overline{\frac{1}{2}}}b^1)$.

53. $T'e^1e_{\overline{\frac{7}{4}}}$.

54. Crist. montrant les trois formations successives (L) $(S'e^5)\,(e^2e^5d^2...)$.

55. $d^2e^5pb^5vy'e^2...$

56. $e^5d^2pe^2SLvy'e^{\overline{\frac{7}{5}}}$.

57. $e^{\overline{7}}e^{\cdot}pb^3e^{\overline{5}}\,{}^{17}d^2F d^{\overline{3}}\,{}^{9}d^2Lvy'\,{}^{5}$.

58. $e^5d^2pb^{\overline{3}}{}^{17}e^{\overline{5}}{}^{7}e^{\overline{6}}{}^{11}\Omega vy'L$.

59. $d^2e^3e^{\overline{\frac{11}{5}}}Lvv'F$.

60. $d^2pb^5e^5e^{\overline{\frac{7}{5}}}\,vv'L$.

61. $d^2pb^5Lz\Omega'e^5vv'd^{\overline{\frac{8}{5}}}$.

62. $e^5d^2pvy'UL$.

63. $d^2e^2\alpha\xi$ hém. b^1.

65. $S'd^2pe^2e^{\overline{\frac{5}{5}}}\Phi$.

Modes de projection employés.

— Proj. oblique sur $d' = 210$, avec $tg.\ \alpha = \frac{1}{4}$, $\beta = 90°$ [(1)].
Fig. 2. 3. 6. 8. 9. 10. 13. 15. 16. 17. 21. 22. 24. 25. 28. 29bis. 30. 31. 32. 33. 34. 38. 41. 52.

— Project. oblique; projetante quelconque.
Fig. 7. 14. 20. 50.

— Projection orthog. sur d^1.
Fig. 35. 40. 63.

— Proj. orth. sur $e^2 = 110$.
Fig. 5. 18. 23. 26. 27. 29. 36. 37. 39. 42. 44. 45. 46. 47. 48. 51. 54. 55. 56. 57. 58. 59. 61. 62. 65.

— Proj. orth. sur $e^2 = 100$.
Fig. 4. 49. 53.

[(1)] Il paraîtra prochainement une note explicative sur une nouvelle méthode très simple employée pour la construction de ces figures. Le plan du tableau est $d^1 = 210$ et la projetante, située dans un plan de profil, fait avec le tableau un angle donné par $tg.\ \varphi = \dfrac{4}{\sqrt{3}}$, c'est-à-dire $\varphi = 66°33'$.

β et α sont les angles que font avec la ligne de terre les projections des axes des x et des y (voir page 168).

INDEX.

ERRATA.

Page.	Ligne.	Au lieu de	Lisez.
175	dernière	348	349
184	8	$7\frac{1}{8}$	$7\frac{1}{8}$
261	23	Φ	Φ_1
»	27	Φ	Φ_1
289	5	357	358

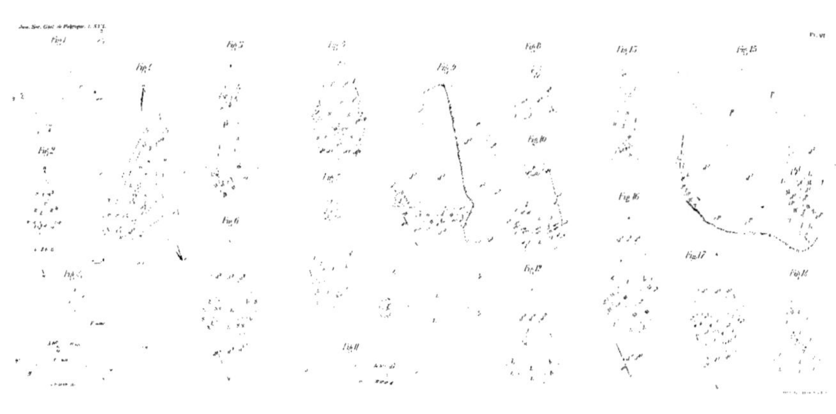

Fig. 1
Fig. 2
Fig. 3
Fig. 4
Fig. 5
Fig. 6
Fig. 7
Fig. 8
Fig. 9
Fig. 10
Fig. 11
Fig. 12
Fig. 13
Fig. 14
Fig. 15
Fig. 16
Fig. 17
Fig. 18

Fig. 18 Fig. 19 Fig. 21 Fig. 23

Fig. 20

Fig. 22 Fig. 25

Fig. 24

Fig. 26 Fig. 27 Fig. 28 Fig. 29 Fig. 31 Fig. 32

Fig. 30

Fig. 29 bis

Fig. 33

Fig. 35

Fig. 34

Fig. 36

Fig. 37

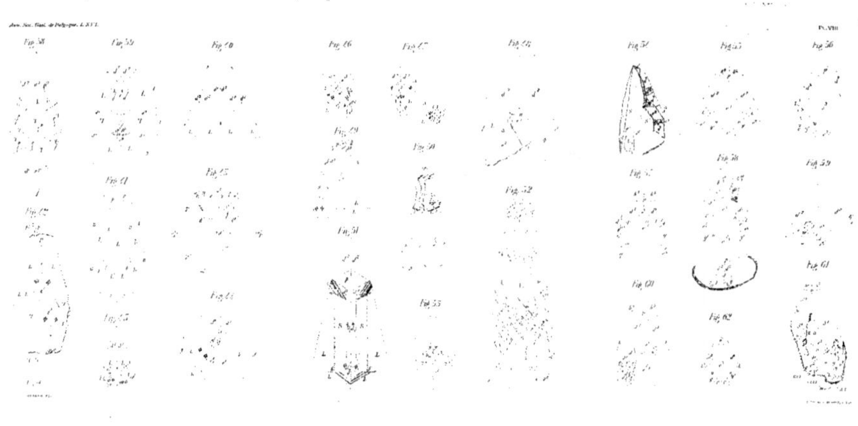

Fig 63

Fig 64

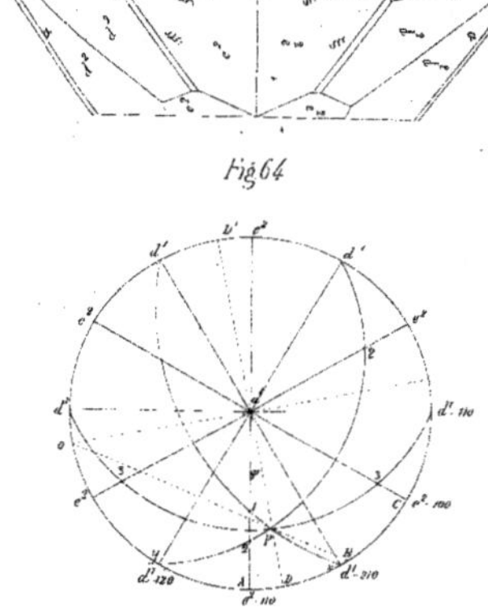

Fig 65